ミツバチはこんなに楽しい！

人と街を育てる都市養蜂プロジェクト

高橋進　編著
生物多様性コミュニケーター

日経サイエンス社

おいしい食卓で知るミツバチのはたらき

花粉を運んで野菜や果物の受粉をしているミツバチ。ほかの昆虫も受粉活動をしていますが、私たちが日々口にする食材の多くはミツバチのはたらきがあってのこと。ハウス栽培にもなくてはならず、想像以上の活躍をしているのです。放牧では牧草の受粉が必要で、牛乳やチーズもミツバチがもたらしてくれています。

Menu

サラダ～ドレッシング添え～
ピザ
カボチャのクリームグラタン
サンドイッチ
フルーツサンドイッチ
オニオンリング
ミックスナッツ
フルーツポンチ
ブルーベリータルト
レモネード
コーヒー

いつものごはんにもたくさんの「ミツバチのはたらき」が！

蜜と花粉を集めるミツバチ花カレンダー

ミツバチが空を飛んだり、巣内の温度を調節したりするには体に蓄えているエネルギーの多くを消費します。エネルギーのもととなり、また幼虫の食べ物となるのが「蜜」と「花粉」です。ミツバチは一年を通して花々を回り、植物の受粉を媒介するなどして花と共に生きてきました。ミツバチの蜜源となる花を紹介します。

春

ミツバチからの恵み

甘くておいしく体にいい「ハチミツ」、自然の抗菌作用で体を守る「プロポリス」、タンパク質やビタミン、ミネラル、カルシウムがバランスよく含まれる「花粉」、キャンドルの原料として暮らしを支えてきた「蜜蝋《みつろう》」、元気のもとになる「ローヤルゼリー」と、ミツバチは昔から人間の健康や生活に潤いを与えてくれました。

ハチミツ

蜜胃《みつい》に集めた花蜜《かみつ》をほかのミツバチに口移しし、六角形の巣に運んで水分を飛ばし熟成させたもの。主成分はブドウ糖と果糖。花の種類によって糖の割合が変わり、味や香り、色も異なります。

〔製品〕食品、化粧品、入浴剤、スキンケア、ヘアケアなど

Bento Orlando/Shutterstock.com

ハチミツは食品以外に、そのまま顔のパックや髪のトリートメントに使われることもあります。

撮影：佐々木正己　＊撮影：渡邉里加

プロポリス

ミツバチが集める樹脂で、新芽や樹皮などから集められる粘着力の強い物質。巣枠を補強したり、巣箱内の隙間を埋めたりするのに使われます。消毒作用や抗菌作用があると考えられています。

〔製品〕健康補助食品

Vitalii Stock/Shutterstock.com

黒褐色で独特な香りがします。はぎ落として集めて使います。

花粉

ミツバチにとって唯一のタンパク源で、ビタミンも豊富。卵が孵化して４日目ごろから花粉とハチミツを練り合わせたものが与えられます。働きバチやオスバチの食べ物にもなります。

〔製品〕健康補助食品

BigBlueStudio/Shutterstock.com

ハチミツと同様に花の種類によって花粉の色が異なります。

ローヤルゼリー

王乳とも言われ、働きバチの下咽頭腺から分泌される乳白色の液体。女王バチは一生ローヤルゼリーを食べ続け、働きバチやオスバチには幼虫の初期のみ与えられます。

〔製品〕健康食品、化粧品

Sener Dagasan/Shutterstock.com

大量に採集するための人工養成法の技術が開発されています。

蜜蝋

働きバチの腹部にある蝋腺から分泌され、六角形の巣脾《すひ》の盛り上げや修復に使います。造巣の際は働きバチの口でかみ砕かれ、唾液を混ぜてから用い、蜜《みつ》蓋《ぶた》も蜜蝋でふさがれます。

〔製品〕化粧品、ハンドクリーム、キャンドル、石けんなど

ドイツのクリスマスマーケットで売られていた蜜蝋キャンドル。

参考文献：『近代養蜂』（日本養蜂振興会）

小さくても高機能！
ミツバチのからだの秘密

ミツバチは女王バチ、オスバチ、働きバチの3つのタイプに分かれています。ここでは働きバチのからだを見てみましょう。

翅《はね》
薄い膜状の翅が左右に2対計4枚あります。前翅は後翅より大きく、連結されていることで1枚の翅のように動きます。
腹部
蜜胃《みつい》 花蜜を一時的にためるところ。
毒のう
蜂毒と呼ばれる液が入っています。
花粉かご
花粉を団子にしてためるところ。
ナサノフ腺
におい物質を分泌するところ。
針 攻撃に使います。
蝋腺《ろうせん》 蜜蝋が出るところ。

針

産卵管が変化したもので、メスだけが持ちます。働きバチの針は女王バチに比べて大きく、先はノコギリのような返し棘で容易に引き抜けません。一度刺すと死んでしまいます。

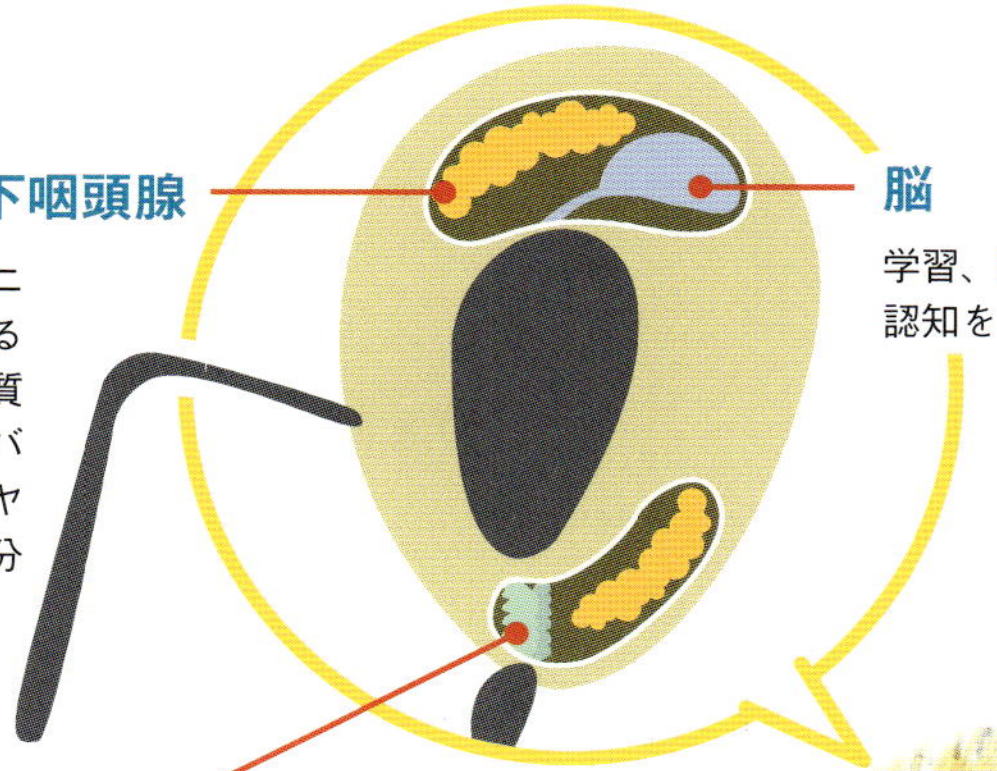

下咽頭腺

仲間とのコミュニケーションをとるための化学物質や、幼虫や女王バチに与えるローヤルゼリーなどを分泌します。

大アゴ腺

脳

学習、記憶、空間認知をします。

複眼

小さなレンズの集合体で、広い範囲の色を受光して花の色を見分けます。人間には識別できない紫外線や偏光（光の進行方向）を感じ取り、曇りの日でも太陽の方向がわかります。

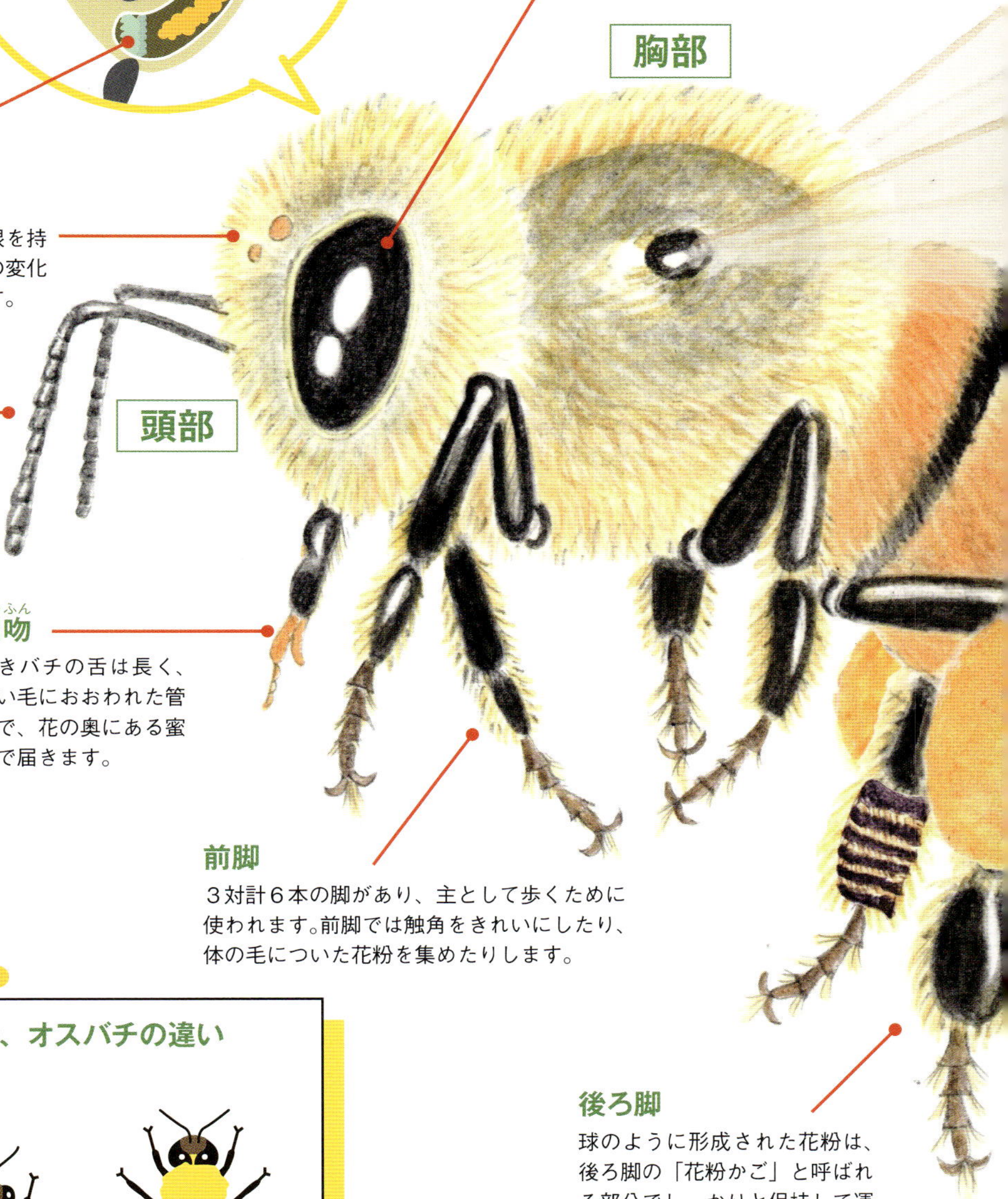

単眼

3つの小さな眼を持ち、光の強さの変化を感じ取ります。

触角

外部の環境を捉えるための重要な感覚器官。花の香りやさまざまなにおい、温度や湿度、接触の感覚などを感知します。短い毛でおおわれています。

口吻《こうふん》

働きバチの舌は長く、細い毛におおわれた管状で、花の奥にある蜜まで届きます。

前脚

3対計6本の脚があり、主として歩くために使われます。前脚では触角をきれいにしたり、体の毛についた花粉を集めたりします。

後ろ脚

球のように形成された花粉は、後ろ脚の「花粉かご」と呼ばれる部分でしっかりと保持して運びます。花粉は巣に帰ると簡単に外れます。

女王バチ、働きバチ、オスバチの違い

作図：五十嵐奈央子（GRiD）

参考：山田養蜂場ミツバチ研究支援サイト、『ミツバチの教科書』（エクスナレッジ）

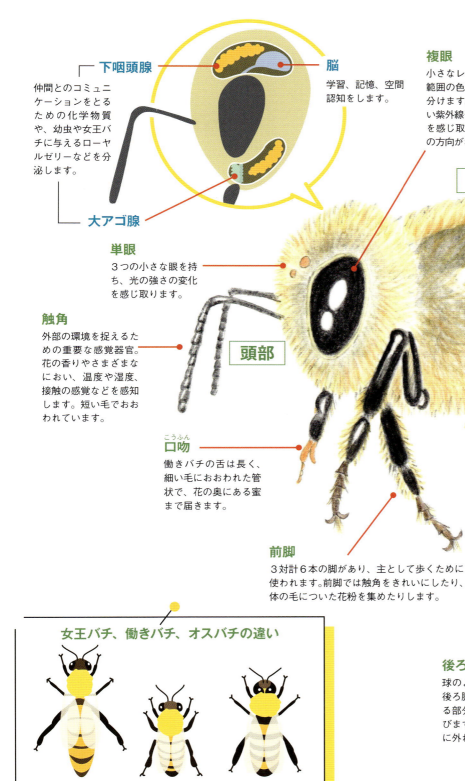

「働きバチ」その名の通り働き者
春から夏は意外に短命

ミツバチの群れは1匹の女王バチと約1割のオスバチ、多数の働きバチで構成されています。2万匹の群れの場合、オスバチ2000匹に対して働きバチは1万8000匹。群れの社会秩序は多くの働きバチたちの意志によってつくり上げられ、維持されています。日齢で変化する働きバチの役割を見てみましょう。

日齢による仕事

新人の仕事
羽化から10日くらい
- 巣の掃除
- 幼虫の世話
- 巣作り

中堅の仕事
10～20日くらい
- 蜜の受け渡し
- 巣への蜜詰め
- 翅を使って巣内の扇風と換気

ベテランの仕事
20日～寿命まで
- 門番
- 蜜集め

巣の中の仕事

六角形の巣はミツバチたちが生まれ育つ場所であるのに加えて、ハチミツや花粉を集めるためのものでもあります。水平だとハチミツがこぼれてしまうので、7～8度上向きに傾斜がついています。

1 巣枠と蜜枠

温度が安定する中央が子育てスペース（蜜蓋《みつぶた》の部分）、その外側に花粉、ハチミツの順で貯蔵された巣枠。

ミニコラム❶ 巣内を常に清潔に保とうとする本能があり、病気でなければ巣内で排泄することはありません。

働きバチの発育日数

①産卵　②産卵後３日で孵化（幼虫）
③その後６日で蛹　④ 12 日後に羽化

産卵から羽化までは
計 21 日

0	1	2	3	4	5	6	7	8	9	11	12	13	14	15	16	17	18	19	20	21
産卵			孵化						蛹											羽化

幼虫（3〜9）

9：※蜜蓋がかけられる
13：※体が黄色く変色し始める
21：※羽化後出房

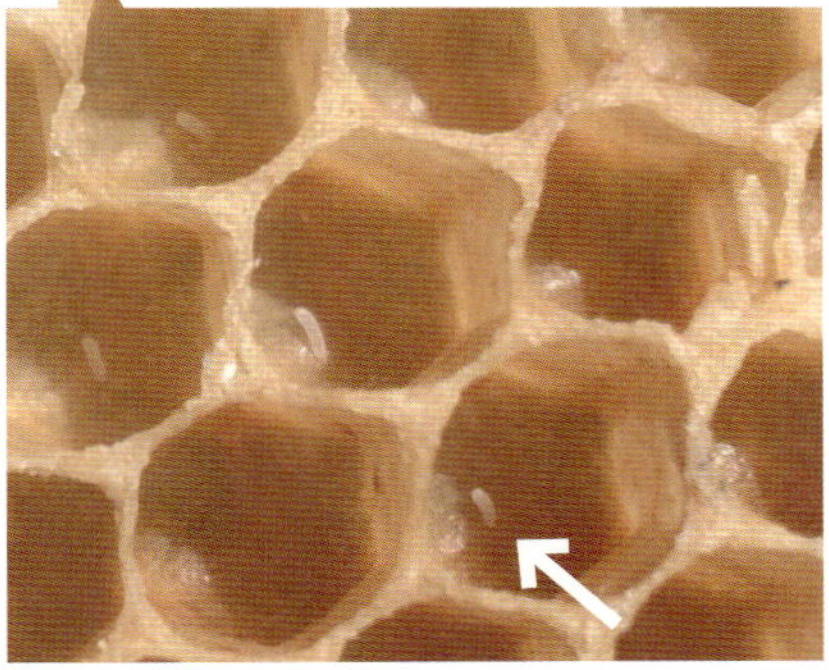

六角形の巣の奥に産み付けられた卵

巣の奥に白い糸のように見えるのが卵で、３日経つと孵化して幼虫になります。

寿命

春から夏 **40日〜 50日**
秋から冬（越冬期）**4カ月〜 5カ月**

資料：女王バチとオスバチの発育日数

	卵	幼虫	蛹	
女王バチ	3 日	5.5 日	7.5 日	計 16 日
オスバチ	3 日	6.5 日	14.5 日	計 24 日

参考文献：『近代養蜂』（日本養蜂振興会）

4 蜜枠と蜂

ハチミツでいっぱいになった蜜枠。白い部分は蜜蓋がかかっています。

3 花粉が集められた巣

団子にして集めてきた花粉は、脚から外して巣の中にきれいに納めます。

2 女王バチとお世話をする働きバチ

お腹が長くひときわ大きいのが女王バチ。お世話係が産卵を促します。

撮影：渡邉里加（2、3）

ミニコラム❷　死期が近づくと、自ら巣外に出て死ぬことも。巣内で死んだ場合は仲間が外へ運び出します。

蜜蝋でスキンケア 肌も守るミツバチ

ミツバチプロジェクトを支えるボランティアグループ「赤坂みつばちあ」では、冬に蜜蝋を使ったハンドクリーム作りを行ってきました。その様子をご紹介します。

ロウソクの原料や化粧品のクリーム、香油、ローションに使われる蜜蝋《みつろう》は、働きバチの腹部にある蝋腺から分泌されたものです。働きバチは蜜蝋を出すためにたくさんのハチミツを食べます。1グラムの蜜蝋を得るには、6～7グラムのハチミツが必要と言われています。赤坂みつばちあでは、蜜蝋を働きバチが盛った巣脾《すひ》や蜜蓋《みつぶた》、ムダ巣から採取し、ミツバチのお世話が一段落する冬に、製蝋してハンドクリームを作ってきました。敏感肌の人にも安心して使ってもらえるようにと、上質クラスのホホバオイルを使用し、無香料としました。

ハンドクリーム作りは社内の希望者にも体験してもらい、みなさんは勤務後にいつもと違うひとときを過ごしていました。このクリームはリップクリームとしての評判もよく、一度使うと寒い季節には欠かせないと多くの人たちに喜ばれました。

男性社員の参加も多かった、ハンドクリーム作り体験。

コロナ禍での頻繁な消毒で、手荒れに悩む公共施設の職員のみなさんにも使っていただきました。

〈蜜蝋のハンドクリーム〉の作り方

1. 鍋いっぱいの蜜蝋。水を入れて火にかけ、よくかき回しながら蝋の塊りを溶かします。

2. 別の容器にガーゼを敷いたザルを置き、溶けた蜜蝋をろ過。この作業を２～３回行い、不純物を取り除いていきます。

3. 蝋が蜂蜜色になったら、紙コップに流し込んで冷やし固めます。

4. 固まった蜜蝋を紙コップから出して、野菜用のピューラーなどで細かく削ります。

5. ガラス瓶に削った蜜蝋とホホバオイルを入れてホットプレートで湯煎し、よくかき混ぜます。

6. 蜜蝋がきれいに溶けたら、冷めるのを待ちます。透明からだんだん色が変わっていきます。

7. 冷めたらビンにキャップをして、シールを貼って出来上がり！

8. 出来上がったハンドクリーム。伸びがよく少量でも肌はすべすべに。

注意！ 汚れた上澄みやアクを排水溝に流すと、冷えて固まり、取れにくくなります。

もくじ

Part5
ミツバチを観察し続けて50年
驚きと学びの多い巧みな生き方…56
佐々木正己 玉川大学名誉教授
ミツバチの魅力❶ ガラスの巣箱が見せてくれるコミュニケーション／ミツバチの魅力❷ 女王バチ、働きバチ、オスバチがそろって初めて一つの生命体／「ハニーウォーク」と身近な蜜源植物／都会でも意外と大量の蜜が採れるわけ／都会の対極モンゴルの大草原で高校生たちが養蜂研修

Part6
地元小学生の養蜂学習体験記
ミツバチのワヤワヤ感、子どもだからわかること…64
髙橋和子 養蜂家・東京都養蜂協会理事・元TBSミツバチプロジェクト指導者
世田谷小学校5年Bee組ミツバチプロジェクト始動！／ミツバチの身になって考える　豊かな感性を持つ子どもたち／ミツバチが教えてくれた「安心感」と「自信」／ミツバチとの出会いは祖父母の庭先養蜂／ミツバチを通した体験が私たちにもたらすもの
世田谷小学校5年1組 BoomBoomプロジェクト
阿部幸乃　東京都世田谷区立世田谷小学校

Part7
AI、センサー、ネットワークカメラでスマート化
都市の屋上で楽しみながら養蜂を学ぶ…76
佐藤証　国立大学法人電気通信大学教授
スマート農業からスマート養蜂へ／スマート養蜂の実際／スマート養蜂の普及に向けて

Part8
ミツバチ研究が一堂に！ 最新の情報が飛び交う
ミツバチサミット…84
都市養蜂で地域コミュニティを活性化…94
同志社ミツバチラボの挑戦

Part9
太陽と花とともに生きる
ミツバチの12カ月…95
赤坂みつばちあで行った養蜂のポイント
年間管理早わかり表
春　4月～6月／夏　7月～8月／秋　9月～10月／冬前半　11月～12月／冬後半　1月～3月
養蜂を始めたい人へのアドバイス／もっと知るには…

あとがき…106

絵（カバー／2～3、6～7ページ）池田系　　デザイン 五十嵐奈央子（GRiD）

Part 1

ミツバチプロジェクトはこうして誕生しました

TBS放送センターなどが入る複合施設「赤坂サカス」にはカワヅザクラ、カンヒザクラ、ソメイヨシノ、ヤマザクラ、シダレザクラなどさまざまな桜が植えられ、3月初めから5月上旬まで次々に見頃を迎えます。写真のベニシダレは、福島県三春町の天然記念物「三春滝桜」の遺伝子を受け継ぐ樹です。開花を待ってミツバチたちがやってきます。

子どもたちは飼育箱の中を動きまわるミツバチの様子に興味津々です。ミツバチプロジェクトでは小中学生を対象にしたミツバチ教室だけでなく、社外でのイベント参加や移動教室も行っています。

地上階のビオトープには注意書きを設置しました。

サクラの花を訪れるミツバチ。

都心の放送局の屋上でミツバチを飼う——２０１１年にスタートしたＴＢＳ（株式会社ＴＢＳホールディングス）の「ミツバチプロジェクト」は２０２５年に15年目を迎えました。

ミツバチは女王バチを中心に群れで暮らす昆虫です。ハチミツをもたらしてくれることは知っていても、ミツバチって街の中で暮らせるの？と思う人もいるかもしれません。

私たちはなぜミツバチを飼うことになったのか。その発端から話を聞いてください。

ペーパー削減、食品ロス対策、ゴーヤの緑のカーテン

私はとくに昆虫が好きだったわけでもなく、ミツバチに興味があったわけでもないのですが、大学の造園学科出身で生き物と環境とのつながりには以前から関心がありました。

屋上養蜂を始めるに至った最初のきっかけは、２００７年に米国元副大統領のアル・ゴア氏がＴＢＳを訪問し、「筑紫哲也ＮＥＷＳ23」という番組に出演したことです。この年、ゴア氏は「気候変動に関する政府間パネル（ＩＰＣＣ）」とともにノーベル平和賞を受賞。環境問題への意識が高まりつつあり、当時の井上弘社長が、これを機に全社で環境問題に取り組もうと提案しました。

近年は多くの企業がＳＤＧｓ（持続可能な開発目標）を意識した活動に力を注いでいますが、当時は環境に特化したセクションはなく、たまたま私が「ＮＥＷＳ23」の広報に携わっていて、「君が何かやれ」と白羽の矢が立った格好です。

そのころ、紙資源の無駄を省くペーパーレス化が言われはじめたこともあり、身近なところから手をつけようと、コピー用紙の年間使用量を調べることにしました。

「資源を大切に」などと言っているものの、放送局というのは、台本やら何やら大量に紙を使う場所です。コピー機が全社に何台あるかを調べようにもまとまった数字がなく、コピー用紙の購入金額などのデータから使用量を推定。「コピーを減らせなんて、忙しいのに勘弁して！」というもっともな反論を浴びながら、コピー機の台数や機能の適正化を図り、５年間で約５億円を削減しました。

次に社員食堂の食べ残しに着目して、その量

国連大学に掲げられたポスターの縮小版を提供していただき、屋上に掲示しました。

和紙や紙幣の原料となるミツマタにもミツバチが訪れます。

撮影：渡邉里加

を測定してみました。フードロスの軽減は今や当たり前の意識ですが、振り返ってみると着眼点は10年早かったと感じます。

さらに自然エネルギーやＬＥＤ照明の導入の提案は、当時取締役だった武田信二さんの応援もあっていち早く実現しました。

こうした取り組みが順調に進む一方、さらに別のテーマに挑戦したいという思いが徐々に湧き上がってきました。屋上緑化を港区と協定を結んで手がけたり、放送センター正面通路に１００メートル余りのゴーヤによる緑のカーテン作りを続けるうちに、生物多様性をテーマに何かできないかと考えるようになりました。

名古屋でのＣＯＰ10（生物多様性条約第10回締約国会議）が２０１０年に迫り、生物多様性への関心が高まっていた時期でした。

迷いながらターゲットを絞る パリのミツバチにもあこがれ

休日に青山通りを妻と歩きながら、あれこれ考えを巡らせていたところ、東京メトロ表参道駅の近くにある国連大学の前に掲げられた巨大なポスターに妻が気づきました。「あれミツバチじゃない？」

真正面からミツバチを捉えた印象的な写真と、「生物多様性」の大きな文字。その下に「Bees make more than just honey.」とあり、英語と日本語で説明文が書かれています。

「彼らは果実や野菜の受粉を通じて、すべての生き物に恩恵を与えます。小さな生き物が、私たちの生態系における重要な役割を果たしています。」

これを見た瞬間、「もしかしたら、いけるかもしれない」と心に響くものがありました。

実は、半年ほど迷うなかで、「生き物文化誌学会」の「ミツバチ例会」という集まりに参加する機会があり、専門家に話を聞いたり質問したりしながらテーマを探っていました。

生き物文化誌学会には「ウミガメ例会」とか「唐辛子例会」もあれば、「骨例会」「見えないもの例会」などというのもあります。その道のプロたちを中心に関心のある人たちが集うという自由なスタイルの学術集会で、専門家に直接質問ができる絶好の機会です。

さらに遡ると、以前に聞いたことのあるパリ

ミツバチを見る子どもたちの笑顔がいっぱい。

地元のフランス料理店のシェフから
食と味覚のお話を聞きました。

のミツバチにも魅力を感じていました。オペラ座の屋上に巣箱が置かれ、シャンゼリゼ通りの並木からハチミツを集めてくるという話がずっと頭の隅にあって、都市ならではのミツバチの飼育に気持ちが動かされました。

ミツバチの飼育を検討してみようと思い立った一方で、もう一つの候補も考えていました。カイコです。東京23区内に限ると、皇居でカイコが飼育されていますが、さほど一般的ではないところに興味を覚えました。

ところが調べてみると、カイコの飼育は想像以上に大変です。4回の脱皮を経て繭を作りますが、繭を作る手前の幼虫はクワの葉を大量に食べるため、3時間おきに新しいクワの葉を与えなければならないそうです（現在は人工飼料のペレットもあります）。

わずか25日間で体重が1万倍になるカイコの幼虫、恐るべし！

ミツバチ教室の開催をめざして屋上養蜂がスタート

まわり道しながらも、セイヨウミツバチに目標を絞ることになり、都市養蜂に詳しい方や大学のミツバチ研究者など複数の専門家から情報を集めることに着手。建物の8階屋上という高さや強風、視界を遮る周囲の構造物なども気になり、アドバイスをもらうために飼育予定の場所を見てもらったところ、否定的な意見はなく、背中を押された気持ちになりました。

街中のビルでミツバチの飼育ができる主な理由は3つあります。

1. 郊外よりも農薬汚染が少ない
（ミツバチは農薬に弱い昆虫です）

2. 意外に緑や花が豊か
（街路樹の花も蜜をもたらします）

3. 屋上養蜂は地上の人に迷惑をかけず安全
（樹の花に行くので活動空間が異なります）

一方、ミツバチはおとなしいとはいえ、毒針を持っていますから、「こわい」「刺されるかも」という不安を感じる人がいるのも当然です。エレベーターに乗り合わせた同僚から「まさか蜂がエレベーターに入ってきて刺されたりしないよね」と冗談めかして（でもわりと本気で）聞かれたりしました。もちろん安全対策は万全を期す必要があります。

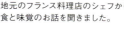

家庭でもできる暑さ対策として番組でも紹介しました。

緑のカーテンはゴーヤの苗を植えるところからスタート。

プロジェクトの目的はCSR（Corporate Social Responsibility）活動です。「企業の社会的責任」と訳される語で、その一環として社会や環境に寄与するさまざまな活動に力を入れる企業や学校が増えています。TBSには2009年7月にCSR推進部が発足しました。

私たちの具体的な提案の一つが、ミツバチの飼育を通して地域の小中学校を対象にしたミツバチ教室を実施することでした。これをプロジェクトの柱と位置づけ、2011年4月に屋上養蜂を開始。約1年を助走期間にあて、2012年4月から屋上見学をメインにしたミツバチ教室がスタートしました。

参加した子どもたちの生き生きとした反応やスタッフの奮闘については、このあとの章でゆっくりご覧ください。

全国に広がる養蜂プロジェクト「楽しい！」が原動力に

現在、全国のミツバチプロジェクトの数は優に百を超えています。SDGsの活動が拡大するにつれて、高校や大学による飼育や研究、自治体、福祉施設、高齢者施設などでの取り組みも広がっています。

私たちのプロジェクトにも、環境省や東京都、港区役所、教育委員会などからミツバチ教室を開いてほしいという要望があり、10数年間の積み重ねで得たミツバチ教室や都市養蜂のメソッドの伝達を望まれることが増えてきました。まったくの初心者たちが、指導者のもとでどのようにしてプロジェクトを立ち上げ、続けることができたのか。本書の内容がわずかでも参考になれば幸いです。

さらに、養蜂家や研究者の仕事を知っていただくために、プロジェクトの活動を助けてくださった3人の方々にご自身の経験や研究成果に関する寄稿をお願いしました。ミツバチプロジェクトの体験記とともに、プロの皆さんのお話もぜひ楽しんでください。

ミツバチ教室に集まった皆さんのとびきりの笑顔や驚きの表情を思い浮かべながら、この本の書名を考えました。参加者とスタッフがともに経験した「楽しい！」こそが、プロジェクトの原動力だと実感しています。

「ミツバチサミット2017」のポスターセッションに参加。「都心のミツバチがもたらす生物多様性」をテーマに「TBS テレビ CSR 推進部・赤坂みつばちあ」が活動成果を発表しました（ミツバチサミットについては 84 ページ参照）。

Part 2

楽しい見学会がスタート！

ミツバチ教室では こんなことを やっています

「ハチがいっぱいいる！」「女王バチはどこ？」参加者全員で屋上に出て、ミツバチの姿や動きを観察。人数が多い場合は６～７人に分かれて観察のポイントを聞きながらゆっくり見学。

子どもたちと一緒にワクワク体験

手作り感いっぱいの舞台裏もお見せします

ミツバチ教室にやってくる子どもたちはいつもと違う体験ができることにワクワクしている様子です。真剣な面持ちの子もいれば、周囲を見まわしている子もいます。地元とはいえ、私たちスタッフに迎えられて放送局の建物に入ることにちょっとした興奮もあるかもしれません。

　開催者側のスタッフは、ミツバチプロジェクトの指導者（養蜂家）、教室をサポートするボランティア、CSR部員ほか総勢10数名。ミツバチは午前中のほうが機嫌がよいので、開催時間は午前から午後の早い時刻を設定します。夕方は一日働いて疲れているのか、ミツバチは少々気が荒くなるようです。

　教室として使用する会場に全員が到着して着席すると、開催者の挨拶と授業内容の簡単な説明が始まります。続いてボードを用いたミツバチの説明。標本を使ってミツバチやスズメバチといった種による違いを観察したり、ミツバチが作った六角形の巣を手に取って観察したり。

　屋内の授業は屋上でのミツバチ観察の前と後に分けて行います。参加人数が多い場合は複数グループに分かれて、屋内と屋上をローテーションしながら進行。最後のハチミツのテースティング・クイズは全員揃って行います。

　プログラムは最短60分から組み立てられますが、「十分に見られなかった」「質問できなかった」といった不満を残さないために可能な限り90分程度の時間を取っています。

ミツバチ教室　本日のプログラム

2021年10月開催例

1. 開催者の挨拶とイベント内容の説明
2. ミツバチの説明ボードによるボランティアのお話
3. 標本箱でミツバチやスズメバチを確認
4. ミツバチが作った蜜蝋による六角形の巣を手に観察
5. ガラス入りの観察箱で生きたミツバチを安全に観察
6. 教室で防護具を身に着けて屋上見学へ
7. 六角形を応用したバイオミミクリーの製品紹介
8. 赤坂産ハチミツでテースティング・クイズ
9. 高橋是清翁記念公園での蜜源植物の植栽開始を紹介

特製ボードでミツバチの世界へ

パワポよりも目をひく紙芝居スタイル

ミツバチ教室の授業は特製ボード「みつばちの話」とともに始まります。

10枚の六角形のフリップには「みつばち一家を紹介します」「みつばちは何を食べているの?」「巣の構造」など説明項目が書かれていて、裏返すと、イラストと簡潔な説明が出てくる仕組みです。

このボードを使ってボランティアメンバーたちが、ミツバチの生態をひと通り解説。屋上見学のあとにもう一度、再確認のために見てもらうと、さらに理解が深まります。

手作り感のある紙芝居風の説明ボードは子どもにも大人にもウケがいいようです。美術部の全面協力を得て制作されたミツバチ教室自慢の逸品です。

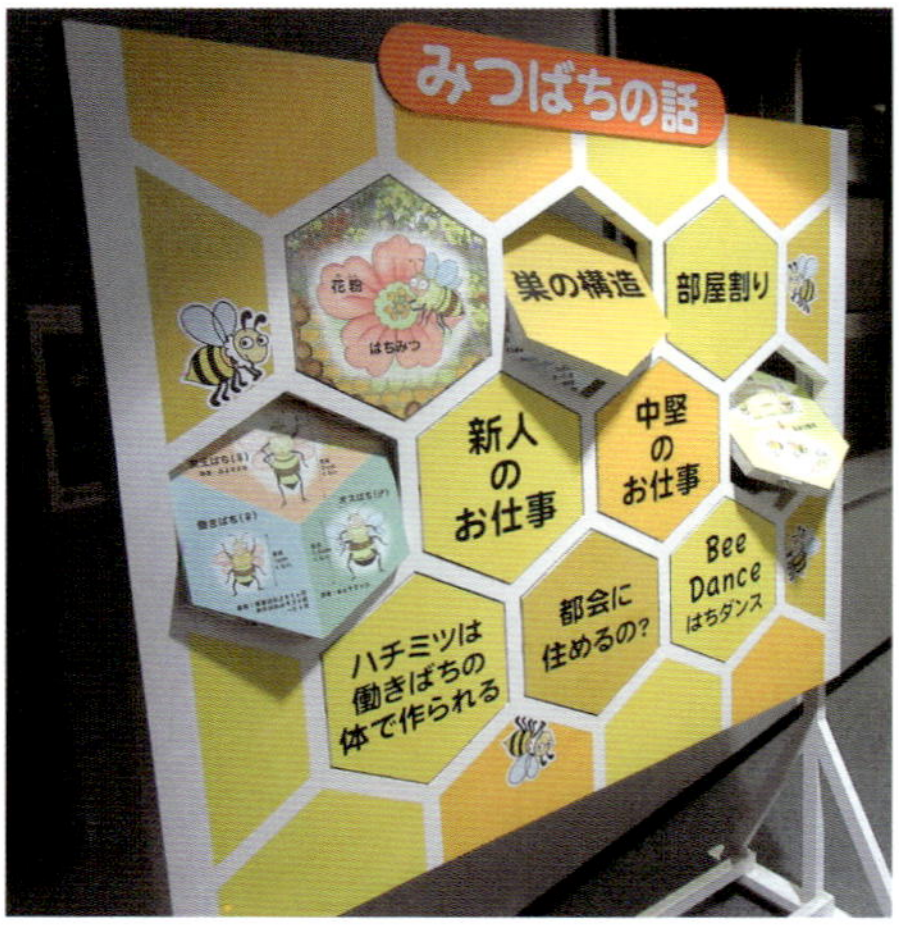

10枚の六角形のフリップが並ぶ特製の説明ボード。フリップ1枚の大きさはA4用紙2枚分です。

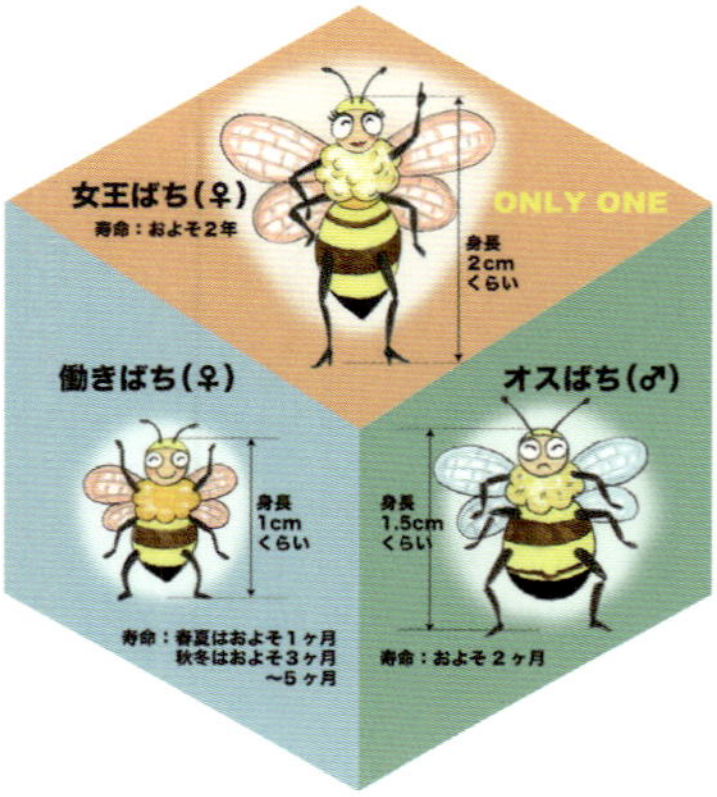

みつばち一家の紹介

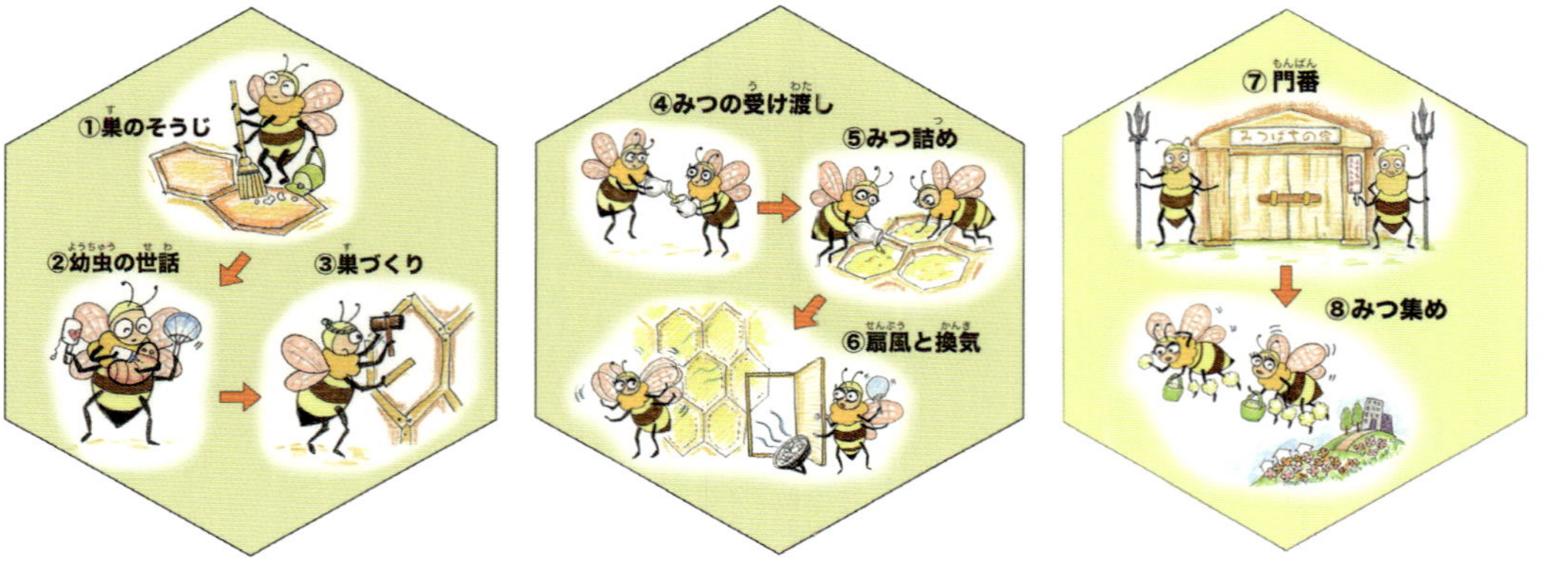

みつばちの仕事(左から新人、中堅、ベテラン)。蜜集めはベテランの仕事です。

素材提供:(株)TBSホールディングス

ひとりひとりが手に取って確認

ミツバチとスズメバチの標本、六角形の巣を観察

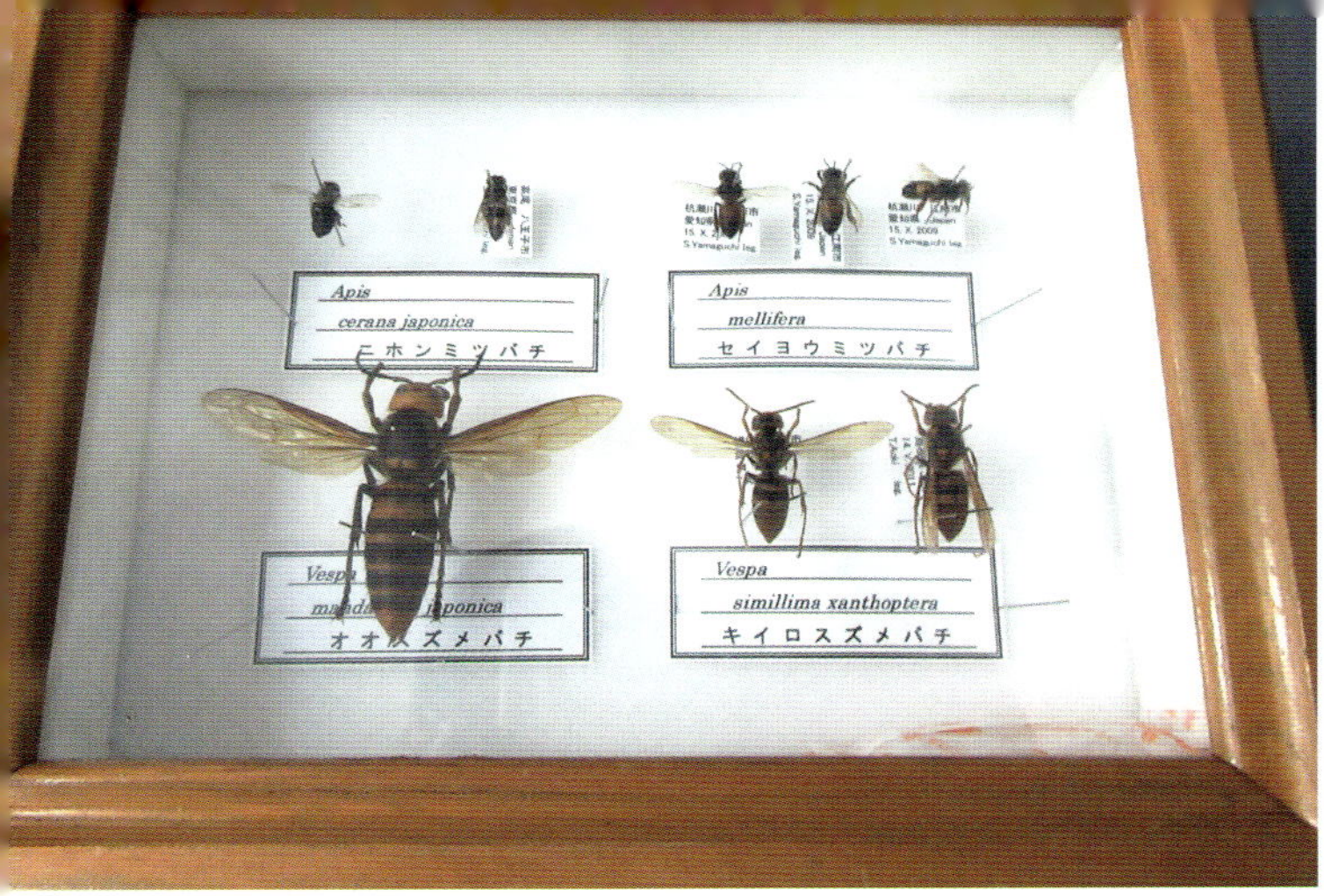

左上から時計回りで、ニホンミツバチ、セイヨウミツバチ、キイロススズメバチ、オオスズメバチの標本（製作：一般財団法人 進化生物学研究所）。

ミツバチとスズメバチ、名前は知っていても、違いがよくわからないという人も少なくないかもしれません。

ボードを使った説明の次は、標本箱の中のセイヨウミツバチ、ニホンミツバチ、キイロスズメバチ、オオスズメバチの違いを観察します。

ハチを間近で見る機会はあまりないので、子どもたちはみな熱心に見入っています。狂暴と恐れられるスズメバチも標本ならばじっくり観察できます。

説明を聞きながら、標本箱を使って間近で観察。

続いてミツバチが作った蜜蝋による六角形の巣を手にして観察。

飼育しているミツバチは、長方形の巣枠の中に巣礎（人工的に蜜蝋で作られた土台）を貼った板状の構造の上に巣を作ります。活動するミツバチの姿は、このあとの屋上見学で、観察します。

ミツバチが作った蜜蝋による六角形の巣を手に取って観察。ミツバチは払われているので素手で触っても大丈夫。

ガラス入り観察箱で女王バチと対面

ミツバチ教室に欠かせないオリジナル

屋上見学の目玉の一つは、間近で女王バチを観察できることです。

屋内での説明で「屋上では女王バチが見られるかも」「一生に一度のチャンスかもしれない」と伝えると期待感が急に高まります。

でも、慣れない人にとってはミツバチの群の中から女王バチを探し出すのは簡単ではありません。そこで屋内での説明の際に、女王バチと働きバチとの違いを写真で見ておくことで発見のコツを飲み込んでもらうようにしました。これで、女王バチが見られなかったとがっかりする参加者が減りました。

下の写真の左側を見てください。真ん中にいる胴が大きく横縞が薄いのがセイヨウミツバチの女王バチです。女王バチに頭を向けてぐるりと円を描くように集まっているのが働きバチたち（写真右、赤い円）。この形態は、うやうやしくローヤルコートと呼ばれます。

さらに、私たちが独自に作製したガラス入りの観察箱（左ページ上の写真）を使えば、ミツバチが巣の中で動き回る様子を見ることができます。

観察箱は上下2段式で、下段にハチミツが溜まった2〜3枚の巣板と働きバチたちがいて、上段のガラス枠で女王バチが常に見られる特殊構造です。

働きバチたちは上下を移動でき、下からハチミツを持って上がり、女王バチの面倒を見る様子も観察できます。体の大きい女王バチは上下の境にある仕切りを通り抜けられず、上の段にとどまっています。

この観察箱は、生きたミツバチたちを数日間入れたままで安全に観察できるので、屋上見学ができない雨の日や、出前授業でも活躍しています。

（左）真ん中にいる胴が大きく横縞が薄いのがセイヨウミツバチの女王バチ。（上）女王バチが静止すると、働きバチが頭を向けて取り囲むように集まる（赤い円）。

ミツバチプロジェクト特製の観察箱。上下２段式で生きたミツバチの様子を観察できます。

見学の前に注意事項を伝えます「4つのお願い」を確認

いよいよ屋上でミツバチ見学！　はやる気持ちを抑えて、屋上に出る準備に取りかかります。

参加者にモデルになってもらい、網付き帽子や皮手袋といった防護具を身に着けるデモンストレーションに全員が注目。一人一人の着用は、このあとで行います。

ミツバチ教室に先立って、参加者のみなさんに見学の注意のお願いをお渡ししていますが、この内容をもう一度確認します。

お願いは4つです。①ミツバチは黒い色が嫌い。黒はミツバチの天敵、クマの色です。屋上に出るときは黒い服を避けてください。②屋上では長袖・長ズボンを着用。網付き帽子や皮手袋を身に着けていても肌は出さない方がより安心です。③強いにおいをさせないでください。ミツバチは互いの連絡に嗅覚を使うのでにおいに反応します。香水や汗のにおいのほか、二日酔いのにおいも厳禁。④ミツバチを手で追い払わないでください。人間の手が近づくことは大きなものに襲われるのと同じ。命がけで反撃します。寿命1カ月半の働きバチの命を大事にするためにも注意をお願いします。

網付き帽子や皮手袋を身に着けてもらってデモンストレーション。

いざゆけミツバチ探検隊！

準備を整えて屋上見学へ

屋上に通じる廊下で長袖・長ズボンを確認後、ボランティアメンバーがお手伝いして網付き帽子・皮手袋を着用します。

さらに長袖と皮手袋の隙間をふさぐためにビニールの腕カバーも念のために装着。長ズボン姿でも靴下を伸ばしてズボンの上を覆うと安心です。ズボンと靴の間があいているときは腕カバーを流用して足首も覆います。

メンバーがダブルチェックして装備完了。「ミツバチ探検隊、行くぞ！」などと声を合わせて屋上へ。

（上）メンバーが装備をチェック。（右）「行くぞ！」と勇ましく手を上げる子たち。

4～5メートル離れたところから観察を始めます。

ミツバチの帰巣能力を生むGPS機能にびっくり

屋上に出て、最初は4～5メートル離れたところから観察を始めます。

次に、全員に空を見上げてもらい、「ミツバチは太陽の位置を確認して飛び出し、1時間後に戻る時は太陽の位置が1時間分動いているのを感知して間違えることなく帰ってくる」と話します。

では曇りの日は？　この問いかけのあとで、空全体が白く見えるような時でも太陽の位置がわかるのは、紫外線に敏感なため、と説明。空のどこかに青空が見えているけれど、太陽そのものは厚い雲で隠れているような時、ミツバチは青空部分の偏光分布から太陽の位置を知ることできます。この話をすると、GPSのような能力にみなさん感心します。

時間に余裕があるときは、ミツバチの天気予知の能力に触れることもあります。出かけていても雨が降る前には巣箱

慣れてきたら間近で観察。説明役のメンバーが素手でミツバチを触って確認しています。

「あったかい！」「モゾモゾする！」ミツバチに触った子どもから元気な声が返ってきます。手を平らにしてふんわりと触るのがコツ。

に帰ってきます。雨で翅《はね》を濡らすと飛んで戻ってこられず、飛び立つ前に往復分のエネルギーとして体内に入れたハチミツがなくなれば命にかかわるからです。

より間近でミツバチ観察 皮手袋ごしのタッチも

4～5分してみんなが慣れてきたところで、2度にわたって少しずつミツバチに近づいてもらうことを伝えます。このときに、全員が見られるように前後の列の入れ替えもお願いします。

そのあと、巣板に群れているミツバチたちがおとなしいのを確かめた上で、説明役のメンバーがそっと素手で触り、「だれか、皮手袋をしたままでミツバチに触ってみたい人はいますか？」と声をかけます。手を平らにして押し付けないように、ふんわりと触るのがコツです。

4～5月の気温ならば、「あったかい！」「モゾモゾする！」と元気な声が返ってきます。すぐにみんながやりたがるのですが、列が崩れたりして人が動くとミツバチを刺激するので、この体験は最初に手を挙げた一人だけです。

屋上見学は生きたミツバチの姿や動きを見るチャンス。屋内の観察箱や写真で見た女王バチを自分の目で確認しようと、みな真剣になります。

ミツバチの針は産卵管の変形なので、オスは針を持たず刺しません。説明メンバーがオスを1匹手に取って近くで見せると、オスとメスの違いがよくわかり、説明ボードや標本箱を見たときよりも子どもたちの納得度が高まるようです。

見学の人数が10人以下ならば巣箱の近くから見学できますが、巣箱の正面はミツバチたちの出入口にあたります。安全に見るために巣箱の横か後方から観察するように注意が必要です。

生き物の姿をありのままに 普段はできない体験を

屋上では寿命を迎えつつあるハチや命を終えたハチの姿を目にすることもあります。人工芝の上で動かないハチを見て「どうしたの？」「死んじゃうの？」と声をあげる子もいるので、屋上に出る前のお話で、働きバチの寿命が40～50日であ

六角形の巣はミツバチの体から出る蜜蝋で作られています。

巣箱の正面の様子。出入りで賑わっているときは、ミツバチを刺激しないように観察します。

命を終えたミツバチ。こうした姿を目にすることもリモート学習や出前授業では得がたい貴重な体験です。

ミツバチたちのさまざまな活動

dsandig/Shutterstock.com

巣箱の出入口にたくさんの働きバチが集まっています。帰ってきた働きバチをチェックするのは見張り役の仕事。間違った巣箱に入ろうとするとシャットアウトされます。スズメバチや鳥の襲来も警戒。

オスバチ（中央と右下）は働きバチの1.5倍の大きさ。お尻が丸いのが特徴です。毒針がなく素手でつかめます。

撮影：渡邉里加

後ろ脚に花粉を付けて巣箱に入ろうとする働きバチ。

夏になると巣の中の温度を調節するために働きバチが巣内に風を送っている姿が見られます。

写真：アフロ

採蜜期でタイミングが合えば、ハチミツの採取も体験できます。春一番はサクラの花のハチミツです。

ることに触れるようにしています（越冬期の働きバチは4〜5カ月くらい長生きします）。

港区の当時の教育長・青木康平氏が見学会に参加してくださったときに、こんなお話をされました。

「今の子どもたちは、スマホですぐに働きバチの寿命を検索できます。けれども、今ここで、自分の目で生き物が死んでいくのを見るのはまったく違う。その子はずっと忘れないでしょう」。ペットでも10年、20年は生きるし、学校ではウサギやニワトリを飼おうとしても、休みの日は誰が面倒を見るの？　死んだらどうするの？となって取り止めてしまう。そういう中で「こんな授業は学校ではできません。素晴らしい」。

屋上に出るまでは「刺されるかも」「こわい」と言っていた子どもたちが、屋上見学を終えて扉から廊下に戻ると一斉に「面白かった」「かわいかった」「また来たい！」とほぼ100％変わるのは毎回不思議に思います。

ハニカム構造が大活躍
スポーツから宇宙まで六角形を探そう

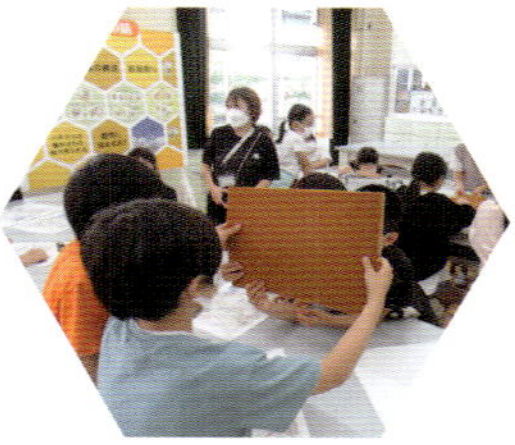

動植物の生態から機能などを学ぶ領域はバイオミミクリーあるいはバイオミメティクスといわれます。風を切る新幹線の先頭は鳥のくちばしの応用、家の外壁が汚れても雨できれいになるのはカタツムリの殻がヒント、雨をはじく傘はハスの葉の産毛から。自然の形態から学ぶことは数え切れないほどあります。

そしてミツバチの六角形構造の巣から学んだのがハニカム構造です。ミツバチ＝ハチミツだけではない新たな展開が参加者の気持ちをとらえ、「自分の目で見て、触って、自分で考えて」を意識したクイズで盛り上がります。

まず最初に見せるのは銀色のアルミ素材のハニカムボードです。参加者全員に手渡しで回していきながら「これは何に使われていますか？」と質問。

「家」「自動車」「段ボール」など答えはさまざま。ヒントに「交通機関」と付け加えると、鉄道好きの2～3人が手を挙げてくれます。

正解は「新幹線の床と扉の構造体」。

続いて日本からの輸出品でさらに高度な工業製品を紹介。茶色のアラミド繊維のハニカムボードです。軽量で衝撃に強く、耐久性にすぐれた素材は、飛行機の主翼にあるフラップに使用されています。三角形でも八角形でもなく、これも六角形。

NASA（アメリカ航空宇宙局）が打ち上げたジェームズ・ウェッブ宇宙望遠鏡にも巨大な六角形の鏡面が使われています。ブラックホールの探査にもつながることを知って、夢を感じると感想を聞かせてくれた参加者もいました。

alphaspirit.it/Shutterstock.com

（上）サッカーボールとゴールネット。
（下）シューズの裏にも六角形を発見。

手前のアルミハニカムは新幹線の床と扉に使用。後ろのアラミド繊維は旅客機のフラップとして輸出。

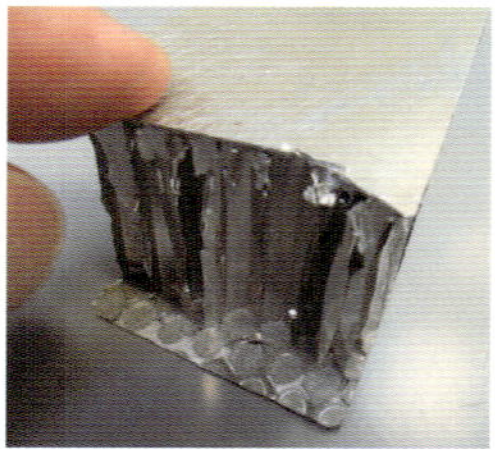

JAXA（宇宙航空研究開発機構）のH2ロケットの構造体の一部。内部は六角柱です。

ジェームズ・ウェッブ宇宙望遠鏡の主鏡は18枚の六角形を組み合わせたハニカム構造。軽くて丈夫な金属ベリリウムを使用しています。
提供：NASA/Abaca USA/アフロ

赤坂産ハチミツをテースティング

花の種類がわかりますか？

ミツバチ教室のフィナーレは、ハチミツを味わって、なんの花の蜜かを当てるお楽しみタイムです。いずれも自分たちが住んでいる所で採れたハチミツ。これも地域とのかかわりを知ることにつながります。

全員にハチミツの入ったアルミの小皿とスプーンが配られます。まず香りをかいで、味わって、もう一度香りをかぐのはワインのテースティングと同じ。

時間のあるときはＡとＢの２種類のハチミツを用意。たいていの場合はＢのみを味わってもらいます。

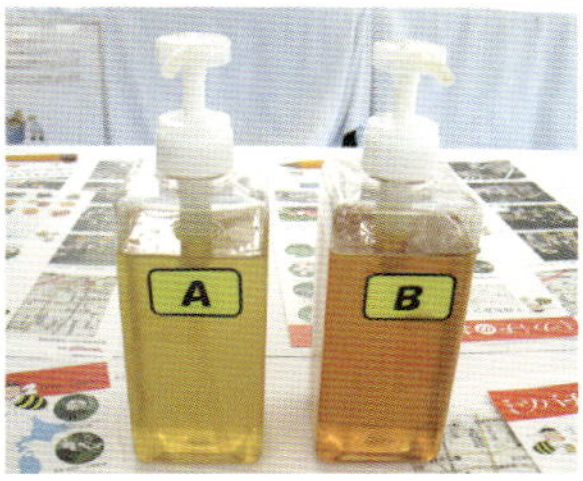

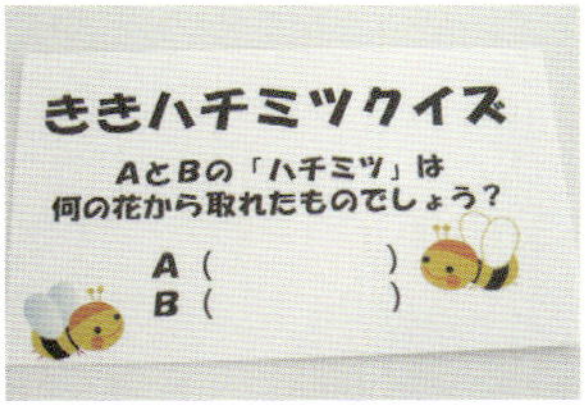

Ｂの花の正解者は、子どもが50人いると毎回15人前後です。一方、大人では、50人のうち正解は１人か２人だけ。社内の新人研修で同じクイズを行ったことがありますが、いつも同じような結果でした。

答えはＢがサクラの花のハチミツで、Ａは街路樹のユリノキの花からたっぷり採れるハチミツ。

子どもも大人もサクラの花のハチミツを味わったことはないと思われますが、子どもは感じたままを答え、大人は知識を手繰り寄せて答えているようです。

このクイズを続けるうちに、小さい時からの食育の大切さを実感するようになりました。プロジェクトの協力者の中にフランス料理店のオーナーシェフ鈴木亭さんがいて、かつての修行先のレストランのシェフが食育を担っていたと聞き、フランスの食育活動の一端をミツバチ教室に取り入れてみることにしました。

フランス料理を出すわけではありませんが（写真のカップの中はハチミツです）、事務局経由でフランスからシェフ帽を人数分だけ送っていただきました。かぶった途端、シェフ気分に！

紙製ですが、教室の雰囲気が一変します。フランスなればこそのムード作りに感心するとともに、シェフ帽は自宅に持ち帰れるので帰宅後にも話が広がりそうです。

蜜源植物の植栽を紹介

高橋是清翁記念公園など近隣で広がる活動

都心でのミツバチプロジェクトを10年以上続けてきて、新たな領域もスタートしました。

学校での植樹や生き物観察とともに、行政と協働で公園への蜜源植物の植え込みを行っています。

校庭でも公園でも、植栽作業をしている時に早くも受粉昆虫が飛んでくるのには驚きます。街を彩るツツジやウツギも優れた蜜源ですが、これらとはまた違った環境が生まれるかもしれません。今後は日本の在来種で花期が長く多年草で丈夫なものを見つけたいと考えています。

ミツバチ教室では、こうした蜜源植物の紹介や植栽活動の報告も行ってきました。

多年草を使って植え替えの手間とコストを削減。

行政とともに近隣の公園に蜜源植物を植栽。

港区で初めてのミツバチ花壇。

2 年目は港区立円通寺公園にて。

近隣の小学校でカラミンサを植えました。

観察したことをチェックシートで確認

どれが見られたかな？

チェックシートは屋内での説明のときに先に配っておきます。屋上に出てミツバチを見る前にいくつか選び、戻った後に1つか2つでも自分なりに見つけたポイントを確認すると、見学の成果が感じられるようになります。

巣板を観察したり、地図上でミツバチの移動範囲を確認したり、屋上見学の前後にボランティアメンバーと話をしながら知りたいことや疑問点を整理。

「ミツバチ」の生態や特徴をいくつ見つけられたかな？

下のチェックシートの□に✓をつけながら観察してみよう！

- □ ミツバチの巣房の形は六角形だった。
- □ 巣房に幼虫がいるのを見つけることができた。
- □ 「女王バチ」がいるのを確認した。
- □ 「オスバチ」を見つけることができた。
- □ 「オスバチ」のオシリが丸くなっているのを確認した。
- □ 巣の中の温度を下げるため、羽をふるわせている「働きバチ」を見つけた。
- □ 「ミツバチ」の羽音を聞くことができた。
- □ 「花粉だんご」をつけた「働きバチ」を見つけた。
- □ 「門番」をしている「働きバチ」を確認できた。
- □ ハチミツの花の味・香りを2つ以上感じた。

原案：髙橋純一・京都産業大学

ミツバチ教室を振り返って

楽しい体験を未来につなげよう

ミツバチ教室を体験した小学校3年生のみなさんの感想文と絵を紹介しましょう。

この小学校では数年にわたって毎年、同学年3クラス約100名がミツバチ教室に参加してくれました。記入シート「～ミツバチ見学をして～」は学校が作成し、観察から時間をおいて、子どもたちが教室でまとめたものです。

それぞれがタイトルを決め、テーマに沿って絵と感想文を記入。100人が100通りの素晴らしい内容で、小学3年生がそれぞれの視点を持っていることに毎回驚かされました。

◇ほんとうのはちの巣を見て門番やよう虫のお世話やみつ集めや色々な仕事をぜんぶメスバチがやっているということが分かりました。

◇分かったことは、働きばちはぜんぶメスで、オスはけっこんすることがしごとだと言うことです。

◇さいしょはハチがこわかったけどとてもやさしいんだなぁと思いました。ハチミツもすごく甘くてたべるのがもったいないぐらいでした。

◇わたしははちがきらいだったけど、はちみつをなめてみて、はちはさすのはいやだけど、いちごや野さいははちがそだてるんだなあと思いました。

ボランティアメンバーからは、「子どもたちの反応を知るのが一番うれしい」「このために参加している」といった声も聞かれます。

参加者が高学年だったり、中高校生や大学生だと、さらに視点が変わります。大学生が寄せてくれた感想です。

◇養蜂場というのは自然豊かな場所にあるイメージだったので、人の多い都会での飼育は難しく危険ではないかという疑問があったり、刺されるのではないかという不安があったりしたのですが、彼らについて正しい理解があれば、人とハチとがうまく付き合っていける仕組みがあることを学べました。

◇初めて間近で見たミツバチのその多さと働きぶりは衝撃的でした。そのミツバチたちが作ったハチミツを食べ比べると、採取した花によって風味が違い、異なる美味しさがあることを体感しました。

◇今回のツアー全体で感じたことは「共存する大切さ」です。一言で共存と言っても色々な意味がありますが、まずは相手を知ることが大切だと思います。これは現在問題になっている様々な環境問題にも、関係するのではないでしょうか。「他人事」から「自分事」として考えることが、今の私たちに求められているのだと思います。

ミツバチ教室はこんなに楽しかったよ！

小学校3年生の皆さんの感想文と絵

協力：東京都港区立青南小学校

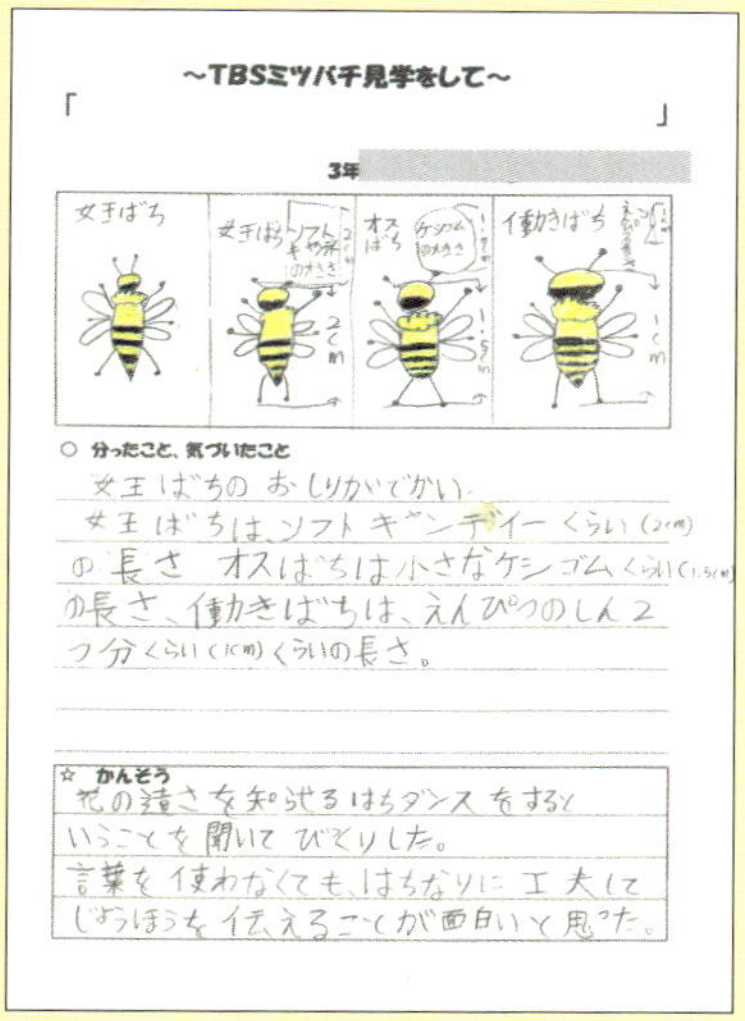
～TBSミツバチ見学をして～

「　」

3年

○ 分ったこと、気づいたこと

女王ばちの おしりがでかい。女王ばちは、ソフトキャンデイーくらい（2cm）の長さ オスばちは小さなケシゴムくらい（1.5cm）の長さ、働きばちは、えんぴつのしん２つ分くらい（1cm）くらいの長さ。

☆ かんそう

花の遠さを知らせるはちダンスをするということを聞いてびっくりした。言葉を使わなくても、はちなりに工夫してじょうほうを伝えることが面白いと思った。

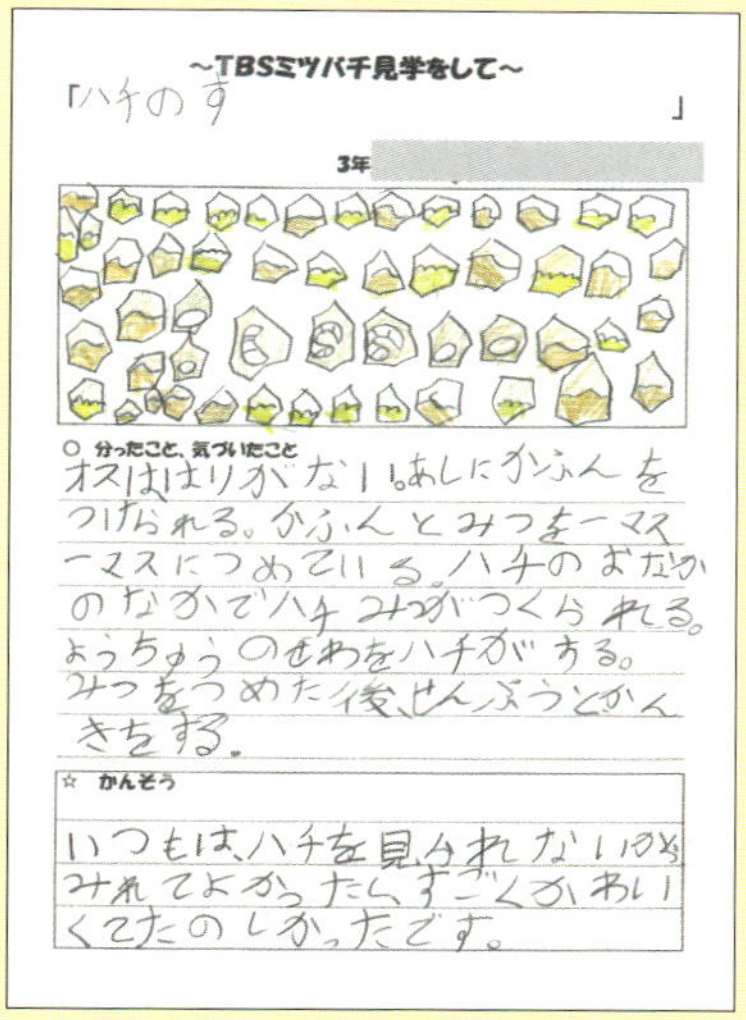
～TBSミツバチ見学をして～

「ハチのす」

3年

○ 分ったこと、気づいたこと

オスははりがない。あしにかふんをつけられる。かふんとみつを一マス一マスにつめている。ハチのおなかのなかでハチみつがつくられる。ようちゅうのせわをハチがする。みつをつめた後、せんぷうとかんきをする。

☆ かんそう

いつもは、ハチを見られないのでみれてよかった。すごくかわいくてたのしかったです。

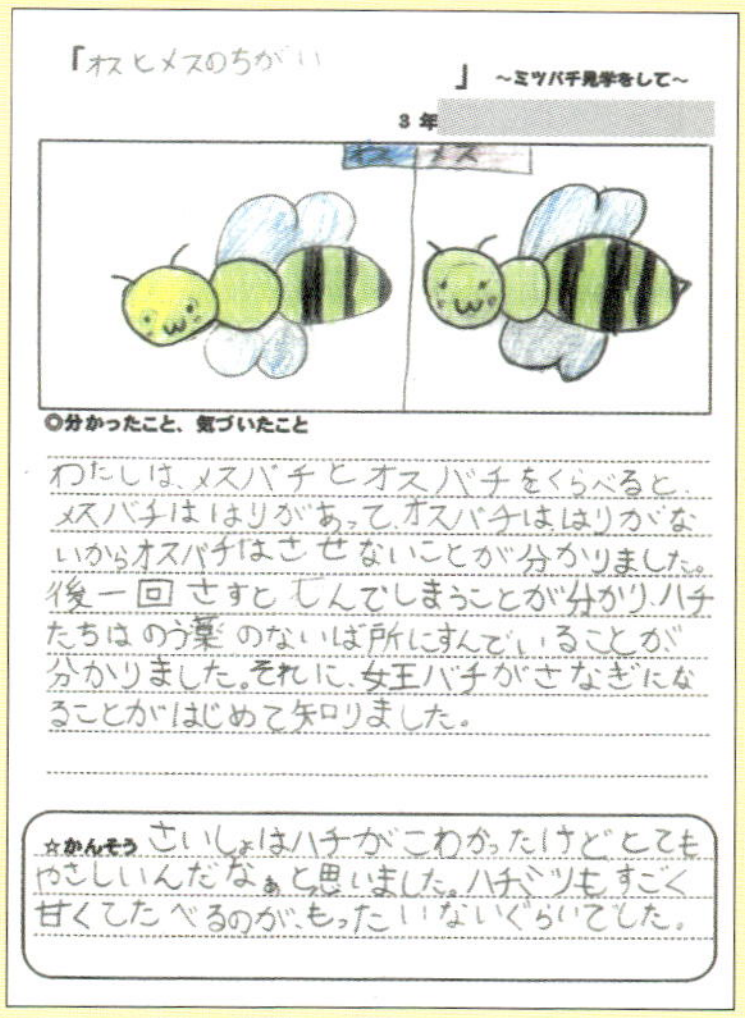
「オスとメスのちがい」 ～ミツバチ見学をして～

3年

○分かったこと、気づいたこと

わたしは、メスバチとオスバチをくらべると、メスバチははりがあって、オスバチは、はりがないからオスバチはさせないことが分かりました。後一回さすとしんでしまうことが分かり、ハチたちはのう薬のないば所にすんでいることが分かりました。それに、女王バチがさなぎになることがはじめて知りました。

☆かんそう さいしょはハチがこわかったけどとてもやさしいんだなぁと思いました。ハチミツもすごく甘くてたべるのが、もったいないぐらいでした。

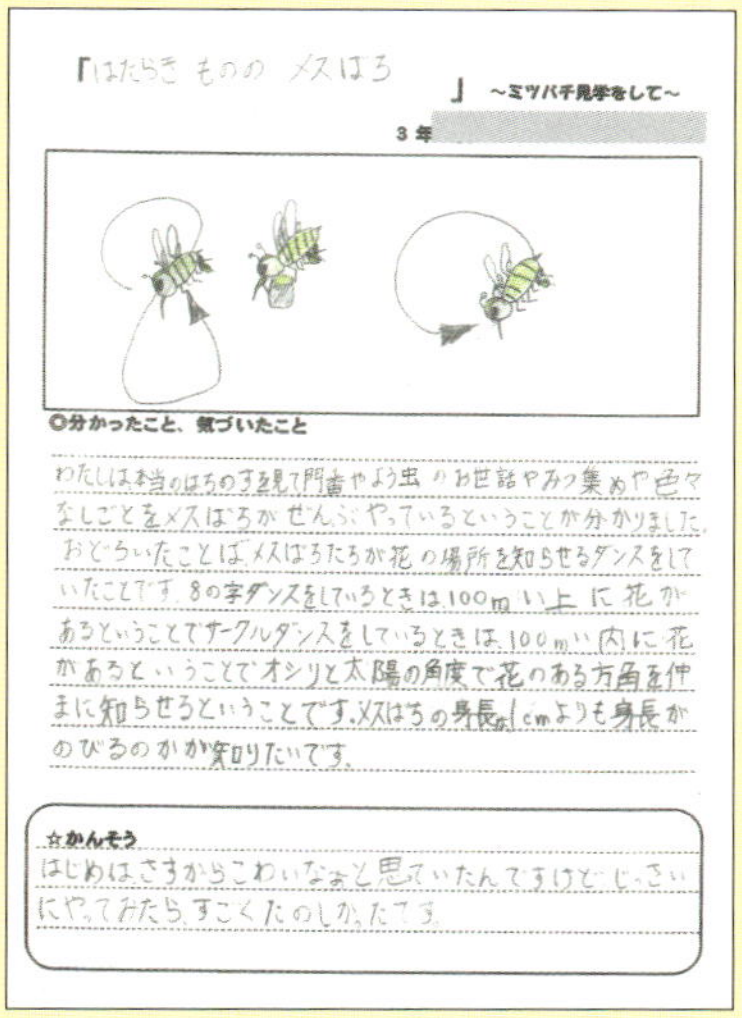
「はたらきものの メスはち」 ～ミツバチ見学をして～

3年

◎分かったこと、気づいたこと

わたしは本当のはちのすを見て門番やよう虫のお世話やみつ集めや色々なしごとをメスはちがぜんぶやっているということが分かりました。おどろいたことは、メスはちたちが花の場所を知らせるダンスをしていたことです。８の字ダンスをしているときは、100mい上に花があるということでサークルダンスをしているときは、100mい内に花があるということでオシリと太陽の角度で花のある方角を仲まに知らせるということです。メスはちの身長が1cmよりも身長がのびるのかが知りたいです。

☆かんそう

はじめは、さすからこわいなぁと思っていたんですけどじっさいにやってみたら、すごくたのしかったです。

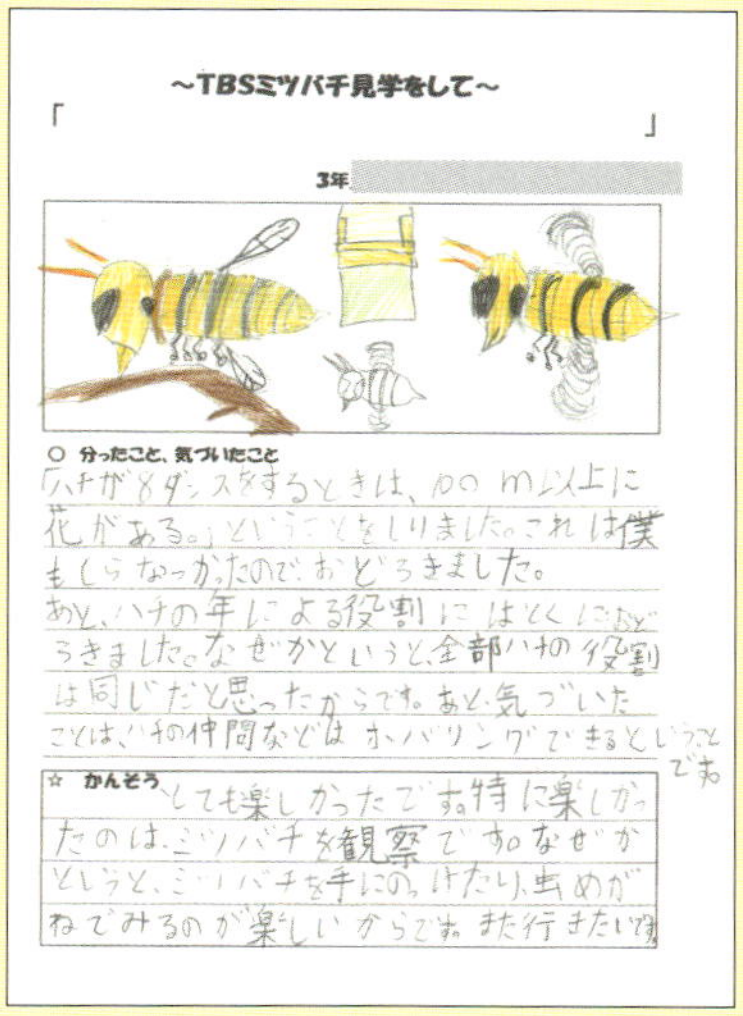
～TBSミツバチ見学をして～

「　」

3年

○ 分ったこと、気づいたこと

「ハチが８ダンスをするときは、100m以上に花がある。」ということをしりました。これは僕もしらなかったので、おどろきました。あと、ハチの年による役割にはとくにおどろきました。なぜかというと、全部ハチの役割は同じだと思ったからです。あと気づいたことは、ハチの仲間などはホバリングできるということです。

☆ かんそう

とても楽しかったです。特に楽しかったのは、ミツバチを観察です。なぜかというと、ミツバチを手にのっけたり、虫めがねでみるのが楽しいからです。また行きたいです。

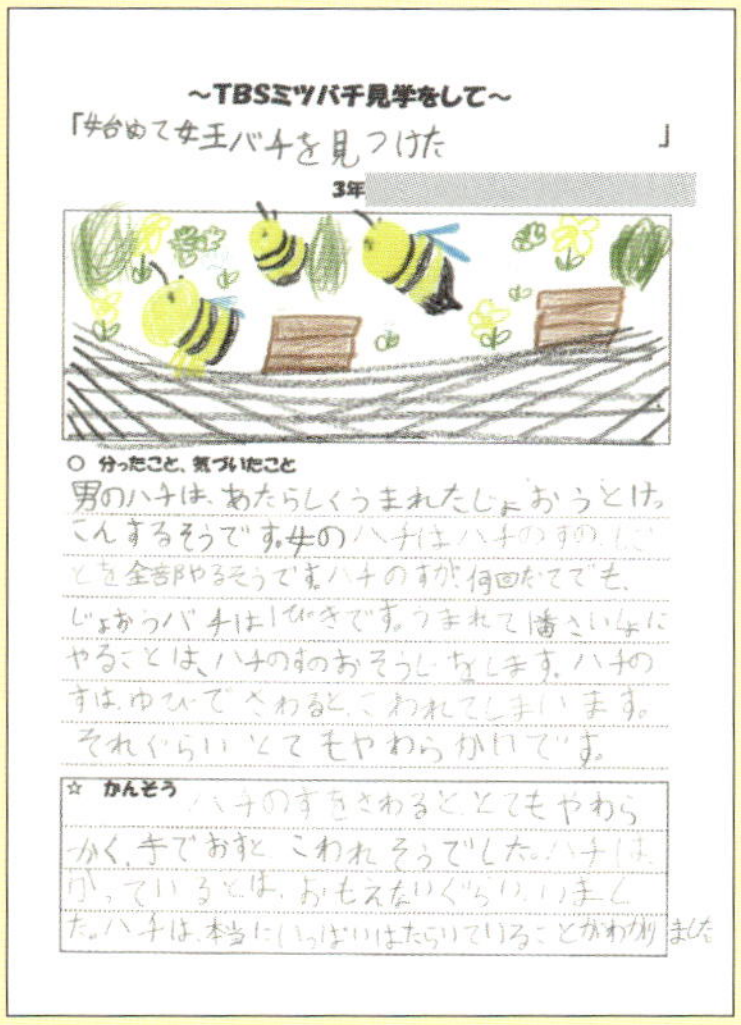
～TBSミツバチ見学をして～

「始めて女王バチを見つけた」

3年

○ 分ったこと、気づいたこと

男のハチは、あたらしくうまれたじょおうとけっこんするそうです。女のハチはハチのすのしごとを全部やるそうです。ハチのすが何回たてでも、じょおうバチは１ぴきです。うまれて慣さいしょにやることは、ハチのすのおそうじをします。ハチのすは、ゆびでさわると、こわれてしまいます。それぐらいとてもやわらかいです。

☆ かんそう

ハチのすをさわるととてもやわらかく、手でおすと、こわれそうでした。ハチはがっているとは、おもえないぐらいいました。ハチは、本当にいっぱいはたらいていることがわかりました。

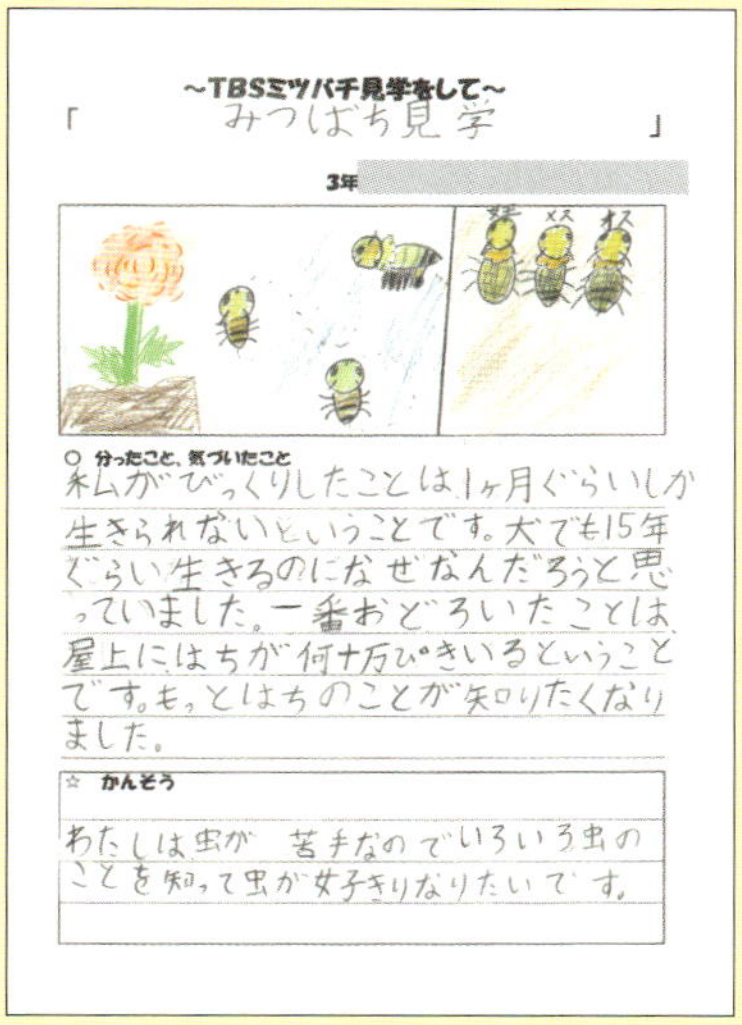
～TBSミツバチ見学をして～

「みつばち見学」

3年

○ 分ったこと、気づいたこと

私がびっくりしたことは１ヶ月ぐらいしか生きられないということです。犬でも15年ぐらい生きるのになぜなんだろうと思っていました。一番おどろいたことは、屋上にはちが何十万びきいるということです。もっとはちのことが知りたくなりました。

☆ かんそう

わたしは虫が苦手なのでいろいろ虫のことを知って虫が好きりなりたいです。

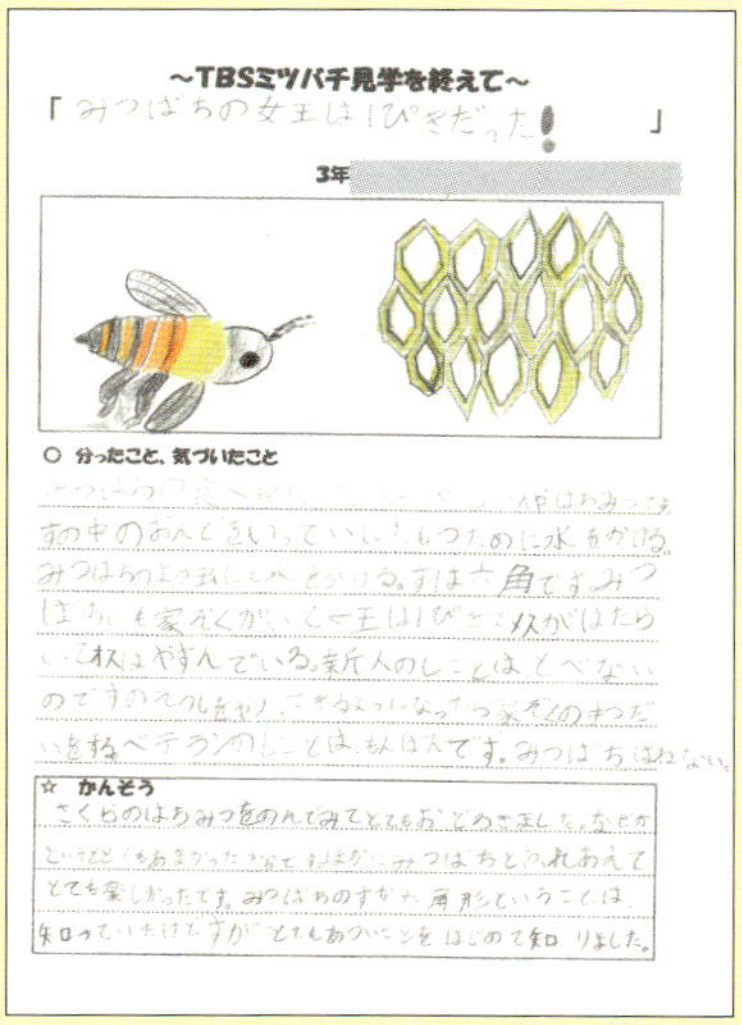
～TBSミツバチ見学を終えて～

「みつばちの女王は１ぴきだった！」

3年

○ 分ったこと、気づいたこと

すの中のおんどをいっていにたもつために水をかける。みつはちのまつ赤にも水をかける。すは六角ですみつはちにも家ぞくがいて女王は１ぴきで、以がはたらいて以はやすんでいる。新人のしごとはとべないのですのそうじをやり、とべるようになったら家ぞくのすつだいをするベテランのしごとは、もんばんです。みつはちはねない。

☆ かんそう

さくらのはちみつをのんでみてとてもおどろきました。なぜかというととてもあまかったからです。ほかにみつはちとふれあえてとても楽しかったです。みつはちのすが六角形ということは、知っていたけどすがとてもあついことをはじめて知りました。

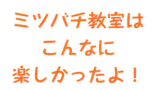

すべてが初体験からスタート！
経験を重ねながら学びました

Part 3

ミツバチ
プロジェクト始動！

（上）2012年4月、2代目指導者の人見吉昭さん（写真左）を迎えて、ボランティアグループ「赤坂みつばちあ」のメンバーが初めて養蜂のレクチャーを受けました。巣箱を前に緊張の面持ちで話を聞く姿が印象的です。（左）巣箱の蓋を開けて内部を点検する「内検」の様子。指導者のもとで週1回行います。メンバーがミツバチに慣れたてきた様子がうかがえます。

活動の8割をミツバチ教室に集中
地元赤坂の人たちと一緒に

ミツバチプロジェクトの企画段階で、私たちは二つの目的を活動の柱として設定しました。

一つは、小中学生を対象にした体験型の環境授業「ミツバチ教室」というイベントを企画・開催することです。

環境教育の重要性が言われて久しく、近年のSDGsの取り組みとも相まって、身の回りの生物と環境とのかかわりを学ぶことは小中学校の授業にも取り入れられています。季節によって変わる生き物の活動、成長による変化、生命と食べ物の関係など、生物多様性の基礎となる部分は学校で教わります。

それならば、今度は子どもたちを教室の外に誘って、生き物と向き合う機会を増やすお手伝いができないだろうか。ミツバチの暮らしを間近で観察することは、小さな昆虫を通して地域の自然に目を向けるきっかけにもなると考えました。

TBS放送センターのある港区赤坂は都心の真ん中に位置していますが、近くには皇居、日比谷公園、浜離宮恩賜庭園、少し足を延ばせば新宿御苑もあり、思いのほか花や緑の多い場所です。ミツバチの行動半径は約2キロメートルで、働きバチが花粉や蜜《みつ》を集める範囲にこれらの地域がすっぽり入ります。自分たちが暮らす街の環境を知るためにも、ミツバチは格好の対象です。

地域の人たちとともに歩む
分かち合う楽しみも

もう一つは、「地域の人たちとともに活動する」という視点です。

赤坂は歴史のある商業地域で、商店やレストランから大企業まで、多数の商業施設や会社が集まっています。商店会、町会や自治会、事業者の間の交流も盛んで、TBSも地域の一員として、さまざまな場で地元の方々と接点を持ってきました。

さらに、赤坂を中心に街歩きを楽しむグループも独自の活動を通して広いネットワークを持っています。この会の参加者の中には、ミツバチプロジェクトの企画段階から関心を寄せてくださる方もいました。

こうした人と人とのつながり中で、ミツバチに興味のある人や地域の活性化に意欲的な人たちが集まり、10人余りのボランティアグループ「赤坂みつばちあ」が発足しました。その後のミツバチ教室ではこのメンバーとともに、東京農業大学のサークル「ミツバチ研究会」のサポートが活動の支えになっています。

ハチミツをきっかけに さまざまな広がりのある活動を

ミツバチを飼育することの大きな楽しみはハチミツが採れることです。

私たちのプロジェクトで採れるハチミツのおいしさは、だれもが「今まで味わったことがない！」と絶賛するほどです。

ミツバチ教室で行っているテースティング・クイズを交えた食育や環境教育、ハチミツを地域に提供することによる話題づくりも、プロジェクトの活動を知ってもらうために欠かせません。

一方で、ハチミツの採取だけを目的にすると、養蜂への興味が長続きしないという心配もあります。

初心者だけでミツバチを飼い始めたときにしばしば経験することですが、1年目からそこそこの量のハチミツが採れて、次のシーズンも期待が持てそうだと大喜びします。ところが2年目になると、なぜかミツバチの数が少しずつ減っていき、3年目を迎えられずに全滅という結果になることもあります。

群が全滅する最大の原因はミツバチにつくダニによる被害です。ハチミツの収量だけにとらわれていると、ミツバチを観察する余裕のないまま、最初の年が過ぎてしまいます。専門家の助言を受けながら、ハチミツ以外にも関心を広げていく工夫があれば、さらに楽しみが増すと思います。

もう一つ、これは現実的な話ですが、屋上養蜂で採れるハチミツの量は決して多くはありません。私たちは巣箱4つでスタートし、6つに増やして続けてきました。そこで暮らすミツバチの数は約10万匹。夏の活動時期の働きバチの寿命はわずか1カ月半です。1匹の働きバチが一生の間に残すハチミツの量は、わずかスプーン1杯といったところです。

養蜂プロジェクトを検討している段階で、当時取締役だった財津敬三さんに言われた言葉があります。「高橋くん、儲けなくていいよ」。これは幸せなことで、私たちは安心してプロジェクトに取り組むことができました。実際のところ、ハチミツの収益で活動を支えようと計画すると無理を強いられることになりかねません。それを理解した上で、本来の目的を見失わないように、と言ってくれたのだと思います。

ハチミツの恵みはプロジェクトにとって大事な宝物です。ミツバチ教室や地域の交流の中で、ハチミツをどのように活用していくか。プロではない私たちが養蜂を続けていく上での要点になると考えています。

絞り出されるハチミツを見学中。

準備しながらプラン固め
予期せぬ出来事でスロースタートに

養蜂を始めるにあたり、準備しなければならないことがいくつかありました。

まず、地域や周りの環境を知っておくこと。ミツバチが蜜や花粉を集める蜜源植物の種類や場所をチェックします。また、周囲の人通りを確認し、近隣に迷惑をかける心配はないかどうかも、確認しておきます。

飼育規模もあらかじめ想定したほうが安心です。ミツバチは上手に飼育すれば群を増やすことができます。養蜂のプロにはミツバチが増えるのは好ましいことですが、ビルの屋上のテニスコート1面ほどの飼育スペースでは限界があります。

養蜂の経験がまったくない人たちの集まりなので、私たちは東京都養蜂協会に問い合わせて指導者を紹介していただきました。最初の指導者として私たちを導いてくださったのは矢島威さんでした。

ミツバチプロジェクトで何をしたいのかを指導者に伝えて、ミツバチ教室の開催に向けて私たち自身が学び、体験を積んで少しずつ前に進もうとメンバーとともに確認しあいました。

ミツバチとの初の対面 忘れられない光景

最初から全速力で走らなかった理由はもう一つあります。

屋上で飼うミツバチは指導者の矢島さんに手配していただきました。ミツバチが鹿児島から到着したという連絡を受けて、TBSの同僚とともに東京・八王子市の矢島さんの自宅にミツバチを見に行ったのは、2011年3月11日のことです。

現地について巣箱を見ていたら、西側の空から黒い雲のような塊が近づいてくるのが見えました。出かけていたミツバチたちが一斉に戻ってきたのです。大きな揺れを感じたのは、その十数秒後だったと記憶しています。

この日以降、放送局の仕事は東日本大震災に集中することになりました。

私たちは迎えたばかりのミツバチとともに、控えめに少しずつプロジェクトを進めていくしかない。静かに粛々とスタートしたというのが当時の実感です。みつばちあのメンバーの本格的な活動は2012年春から始まりました。

初代養蜂指導者の矢島威さんとともに。 © 赤坂経済新聞

大人向けの見学会で試運転

経験を重ねて子どもたちをお迎え

ミツバチ教室の開催に向けて、まず地元の関係者を招いた見学会を試行。次に大人向けの教室でスタッフが経験を重ねました。

参加人数は一度に30人以下とし、これを上回る場合は2～3グループに分けて実施。とくに屋上見学では、つねに目が届くようにすることが安全のために重要です。

参加者が着用する網付き帽子や皮手袋は養蜂カタログを見て用意しましたが、100円ショップで売っているビニールの腕カバーも追加。ミツバチは暗くて狭いところが好きなので、袖と皮手袋の間に隙間があるときや、ズボンの裾と靴下の間から脚が見えるときに利用します。すべて着用後、屋上に出る前にメンバーが最終チェック。このときの手順もミツバチ教室で生かされています。

屋上見学もミツバチ教室を想定して同じ方法で行いました。最初は遠くから、慣れたら少しずつ近づいて。初めての体験を前に、驚きの反応から笑顔まで、大人も子どもも同じ表情を見せてくれます。

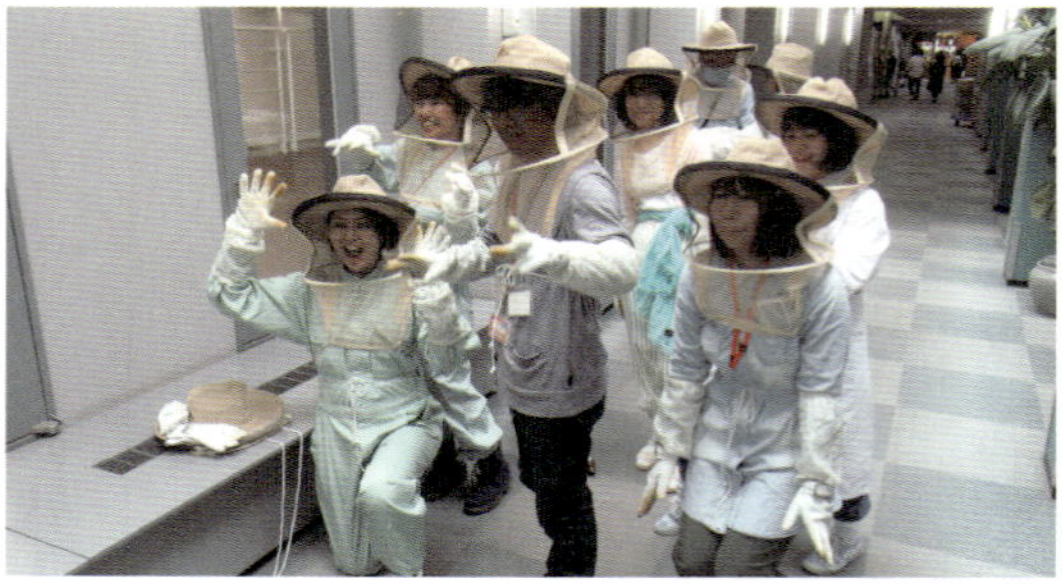

装備を整え、ミツバチ探検隊おとなチーム出発！

間近で見るたくさんのミツバチに興味津々。

髙橋和子さん（左）による採蜜の説明。

指先にハチミツをつけたら、ハチがなめに来ました。

学んで、知って、伝えたい

イチゴ農家訪問や外部講師による勉強会も

ミツバチからの恵みの一つが作物の受粉です。ボランティアスタッフの勉強会を兼ねて、2代目指導者の人見吉昭さんとともに茨城県内のイチゴ農家を見学させていただきました。

ミツバチが飛び回る光景を想像していましたが、意外なことに、飛んでいるミツバチを探さないと見つからない程度の数です。あまり多いとイチゴの花を傷めてしまうそうです。

日本全体で見ると、イチゴのほか、リンゴ、ミカン、ナシ、サクランボなどの果樹、ハウス栽培ではトマト、ナス、キュウリ、カボチャ、スイカ、タマネギなど、多くの作物がハチの受粉によって実を付けます。高価な宮崎マンゴーの栽培では、確実に受粉し、他家受粉で遺伝子の多様性を高めるために、セイヨウミツバチやマルハナバチを導入しているそうです。

ミツバチに限らず、他のハナバチや野生種のハチ、甲虫類も少なからず作物の受粉に貢献しています。農林水産省の統計では、国内の農産物の35%がミツバチなどによる受粉で生産されていることが示されています。

嫌われ者のハエも、実は受粉の助けになる昆虫です。花粉は集めませんが、蜜を目当てにやってきて、体に花粉を付けて受粉の手伝いをしてくれます。

私たちが作った屋上の緑化プランターには巣箱から一番近い場所にイチゴを植えました。ミツバチはイチゴの花にとまってクルクル動くので、花粉を集めるついでに受粉を助けている様子が間近で見られます。

イチゴの花粉を集めるミツバチ（上）。ビニールハウスの奥に巣箱が置かれています（中）。全体の様子（下）。

ボランティアメンバーは、専属の養蜂指導者から教えていただくだけでなく、専門家を招いた勉強会、都市養蜂に取り組む養蜂家や会社への訪問など、多くの方々との交流を通して、たくさんのことを学んできました。

ミツバチ研究者の佐々木正己・玉川大学名誉教授による勉強会。

養蜂の歴史や海外事情に詳しいクインビーガーデンの小田忠信代表による勉強会。

1岩手の養蜂家で都市養蜂の先駆者としても知られる藤原誠太氏。皇居近くのビルで。**2**オーストラリア発の新型巣箱フローハイブを紹介。巣箱の上部にあるコックのようなものをひねると、六角形の巣板がずれてハチミツが落ち、ビンに溜まります。ハチミツの採取に遠心分離の要らない仕組みです。

1

2

東京・原宿交差点の近くで屋上養蜂をしていた洋菓子メーカーのコロンバンで、人通りの多い場所での対策を教えていただきました。現在は移転して、渋谷コロンバンビル屋上で継続中。

赤坂での知見をもとに港区が勤労福祉会館の屋上で始めた養蜂場を訪問。現在は三田いきいきプラザの屋上で継続中。採れたハチミツは芝ミツと呼ばれて毎回売り切れになるほどの人気だそうです。

重量センサーやミツバチカメラを開発・製作した佐藤証・電気通信大学教授はボランティアメンバーとしても活動。卓抜なアイデアと行動力が屋上養蜂に変化をもたらしました（76 ページ参照）。

放送センター屋上の工事期間に場所を借りていた農文協（農山漁村文化協会）の屋上。重量センサーやミツバチカメラの設置を見学。

ミツバチ教室の広がり
地域のさまざまなイベントに参加

機会があるごとに、あちこちでミツバチ教室を開催してきました。ここでも特製ボードとミツバチ観察箱が大活躍です。

新宿御苑での環境省イベント。

東京ガスのイベント。

港区立氷川公園のバラ園内での野外教室。

有栖川宮記念公園での環境イベント。

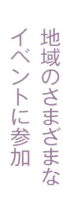

ハチミツとは無縁に思えるような壁面をはうキヅタにも花が咲きます。キヅタの花から蜜が出るのは午後3時頃で、その時間に合わせてミツバチがやってきます。他の花と時間差を設けて受粉昆虫を誘う植物の生き残り作戦です。セイヨウキヅタは花の少ない秋口の最高の蜜源でミツバチの大好物だそうです。

街の中にも 蜜源植物がいっぱい

佐々木正己先生と街歩き

蜜源植物を求めて日本全国を探訪した佐々木先生とともに都会の蜜源探しに出かけました。

ナツミカン

ビワ

カキとコマルハナバチ

赤坂の住宅街を見下ろすと、遠くにビワの花を発見（上の写真）。11月に花が咲き、実がなるのは翌年の夏です。ミツバチにとっては冬に入る前の貴重な栄養源。庭のカキの花やナツミカン、キンカンの花も都会の蜜源だと知りました。

写真：佐々木正己（キヅタの花、キヅタの花とミツバチ、ナツミカン、カキとコマルハナバチ）

同じ種類の花でも、ミツバチが訪れるかどうかの違いがあることも佐々木先生に教えていただきました。蜜を吸う口吻というストロー器官が花に届かないとミツバチは蜜を集めることができません。バラならば、豪華な花弁を持つ八重咲きではなく、一重のバラやツルバラへ。写真左は氷川公園内のバラ園でのミツバチ教室の最中に見つけたミツバチの姿。参加者ともども目の前の実例に納得しました。

来る？　来ない？

ミツバチが好む花の形

街歩きの途中に小道を挟んでセイヨウアジサイと日本のガクアジサイが咲いていました。説明で聞いたとおり、ミツバチは真ん中に花が露出しているガクアジサイ（左）に訪れていました。見栄えのよいセイヨウアジサイ（右）ですが、外側のガクで中に近づけず、品種によっては蜜も花粉も出ません。

Part 4

発見！驚き！ミツバチのひみつ

養蜂に必要な基礎知識から、
飼ってみてわかった驚きの生態まで
ミツバチの不思議を探ります。
知って楽しいトリビアもいっぱい！

水辺に集結！

暑い時期、水がめに集まって水を飲むミツバチの様子。屋上養蜂を始めるまではミツバチがこんなに水を飲むとは知りませんでした。

押しくらまんじゅうで温度キープ

冬は女王バチを真ん中にして、働きバチたちが体を震わせて発熱。巣の中で女王バチを囲む中心温度は真冬でも35℃近くに保たれます。

ピーナツの殻？

女王バチを育てる特別室「王台」（巣房）です。写真の２つの王台では、それぞれ女王の卵がローヤルゼリー（クリーム色の部分）の中で成長しています。このあと蓋《ふた》がされて、中で蛹《さなぎ》になり卵から16日で女王バチが生まれます。

越冬に備えて栄養補給

写真のような代用花粉や砂糖を緩く練ったものを与えます。

ミツバチ宅急便

赤い張り紙には「天地無用　ミツバチ在中」の文字が。他の荷物と一緒に運ばれてきます。日本郵便でも取り扱いあり。

❶ 働きバチはオス？ メス？

子どもたちから意外な反応も

ミツバチ教室では、あまり興味がない人でも飽きないように途中にクイズを挟んで、手を挙げてもらうことがあります。定番のクイズは「働きバチはオス？ メス？」という二択問題です。

参加者が大人の場合、9割の人は知識があって「メス」に手を挙げますが、力仕事や外で働くイメージから「オス」と答える人もいます。正解は「メス」。働きバチは100％メスです。

ところが、小学生の反応は違っていました。3年生から5年生ぐらいを対象に同じ問いかけをすると、「オス」「メス」どちらにも手を挙げない子どもが全体の半数ほどいました。迷っているのか、積極性がないのだろうか、と最初は思いましたが、どこの学校でも反応は同じです。

手を挙げなかった子たちに聞いてみると、「メスとオス、両方」。つまり共働きという返事です。いまの時代を反映しているような興味深い答えでした。

こんなクイズを出発点に、ミツバチ教室の生徒たちには「なんで？ どうしてメスだけ？ オスはどうしてるの？」とさまざまな疑問がわくようです。

ミツバチは女系社会 クイズから探究の広がりも

ミツバチの性が決まるしくみは私たち哺乳類とは異なります。メスのハチは卵と精子による受精卵（父方と母方の両方から遺伝子を受け継ぐ）から生まれますが、オスは未受精卵（母方の遺伝子だけを受け継ぐ）から生まれます。幼虫の中でローヤルゼリーだけで成長したものが女王バチ候補となり、やがて1匹が女王バチに。女王バチは卵を産むことに専念します。オスバチは交尾して子を残すことが役割です。ミツバチの群れは女王バチを中心にした家族です。

ミツバチ教室では性決定のしくみには触れませんが、生き物が子孫を残す方法は種によって個性があることを知ってもらい、自然界の不思議を感じる入口まで案内します。

だれでも答えやすいと思える簡単な二択問題でも、ときに意外な展開が待ち受けています。

❷ミツバチも水が飲みたい
においに敏感、溺れない工夫も

屋上養蜂には地上を歩く人とミツバチが遭遇しないという利点があります。

プロジェクトを始める前の社内プレゼンテーションでも「ミツバチたちはビルの屋上から街路樹の花に出かけていきます。通行人に迷惑をかける心配はありません」と自信を持って説明していました。

ところが、5月のよく晴れた暑い日のこと、地上階にあるビオトープの池にミツバチが何百匹も集まっているとの目撃情報が寄せられ、大あわてしました。屋上にミツバチの水飲み場がなかったため、水を求めてビオトープに押しかけてしまったのです。

ビオトープには植物が植えられ、小さな池にはカエルやアメンボのような小動物が生息しています。多様性を感じるとともに、ひとときの憩いの場として活用されています。

急いで美術部に注意書きの看板を作ってもらい、社員食堂から借りたステンレスバットを2つ並べ、水道の蛇口から水をたっぷりと満たしました。

それなのに、ミツバチたちはまったく飲もうとしません。いったいどうして？

2日後、ステンレスバットの縁にずらりと並んで水を飲む可愛らしい姿をようやく発見。すぐに水を飲まなかった理由は、水道水のカルキのにおいにあったようです。汲み置きの水でなくてはいけないことを知りました。

さらに近寄ってみると、水面で溺れているミツバチがいます。急いでタオルを水に浮かべて救出！と思ったらタオルに足が引っかかってしまい、タオルの上に手ぬぐいをのせて急場をしのぎました。

その後、メンバーの家の庭にあった大きな水がめを拝借し立派な水飲み場が完成（46ページの写真）。

深さも十分でたっぷりと水を入れることができますが、暑い日が続くと、数日で5～10センチも水が減っていることもあります。生き物には水が必要だと、目の前の光景が実感させてくれました。

ホテイアオイにのって水を飲むミツバチ。水草やネットを入れるなどハチが溺れないように工夫します。

撮影：渡邉里加

❸短い寿命でどう働くの？

効率よく分業して集団生活

巣箱の蓋を開けるとハチたちがさまざまな仕事をしているのに気づきます。

働きバチの寿命は夏の活動期で45日程度、彼女たちの仕事は生まれてから寿命が尽きるまで3段階に役割が分かれています。

・新人の仕事　①巣の掃除　②幼虫の世話　③巣作り

・中堅の仕事　④蜜の受け渡し　⑤蜜詰め　⑥扇風と換気

・ベテランの仕事　⑦門番　⑧蜜集め

まるで人間の職場のように、まずは内勤、慣れたら外部との調整役、そして外回りの仕事へと受け持ちが変わります。効率よく分業して群を維持するという暮らしぶりは、社会性昆虫（真社会性昆虫）の特徴です。

ハチの仕事は蜜集めと思っている人は驚くかもしれませんが、蜜や花粉を集めるのは一生のうちで最後の10日から2週間くらい。次々と新しい世代に引き継がれます。この時に農薬を浴びたり鳥に食べられたりしたら、それでおしまいです。

卵からかえった成虫の初仕事は自分が出たばかりの六角形の巣の掃除です。掃除を終えた巣は六角形の巣の底がツルツルになっていて、清掃終了を目視できます。

六角形の巣の中に見える細長い糸のようなものがミツバチの卵。

そこに女王バチが新しい卵を産み、21日後には次の代の働きバチが生まれてきます。生まれたてのハチが次の産卵スペースを整えるとは、なんとも繁殖力の強さを感じます。

女王バチは2～3年と長生きですが、働きバチとの違いは、生まれた時から大量のローヤルゼリーのみで育ち、生涯ローヤルゼリーを食べ続けること。これで産卵シーズンは昼も夜も産み続けるのですから、女王バチも楽ではないと思うことがあります。

サザンカの花粉を集めるミツバチ。花の少ない11月も越冬に備えて活動しています。

④曇りの日にも太陽が見える
優れたGPS能力、20メートルの引っ越しが大変

ミツバチは、太陽コンパスで方向を認識します。巣箱を飛び出すときと帰るときで太陽の位置は変わるので、時間経過と角度を確認して、巣箱に戻ってきます。巣箱を設置するときは、出入口を南に向けるのが原則です。

ミツバチは人間には見えない太陽の紫外線や偏光を感じることもできます。曇りの日でもミツバチが活動できるのはこの能力のおかげです。晴れていても午後から雨という予報が出ている日、ミツバチたちは早めに仕事を切り上げて巣箱に戻ってきます。気圧や湿度の変化を感じるのか、天気予報にかけては人間より優れているのではと思うこともあります。

ミツバチは自分の巣箱の位置を正確に覚えていて、別の巣箱には行きません。間違えて隣の巣箱に行くハチもたまにいますが、見張り番に門前払いされます。

人間の都合で巣箱を動かすときは大変で、一日に50センチが限界です。屋上の工事のために20メートルほど巣箱を移動したときのこと。6つの巣箱を毎日50センチずつ動かし、日程の都合で最後の日に5日分の距離を一度に移動しました。

翌朝に行ってみると、前日まで巣箱のあった2～3メートル離れた位置で飛びながら自分たちの巣箱を探している姿を目にしてびっくり。仲間のにおいも認識するので翌日には自分たちの巣箱に入りましたが、この高い能力があるからこそ地形やビルの形も簡単に覚えて自分の巣に戻ることができるのだと納得します。

生まれた巣箱から初めて外に飛び立つ時には、巣箱の上空をホバリングする姿を見ます。まるで周囲の地形を読み込んでいるようです。

⑤黄色い花が好き、黒は嫌い
クマはミツバチの宿敵です

近所の花屋さんが教えてくれたのですが、店先の黄色い花にはミツバチがよく訪れるそうです。

昆虫の複眼で花と認識されるのは白から黄色の花が中心で、赤い花は黒く見えるため認識されにくいそうです。黄色も私たちとは見え方が違い、実験写真では人間には黄色一色に見える花弁に、筋があったり蜜を出す器官が見えたりと、見える世界は別のようです。

ミツバチの天敵はクマで、野生種のミツバチがいる地中海沿岸から中東、アジアにかけては黒い熊が多く、大好物は森で見つける甘いハチミツ。離れた山から

においを嗅ぎつけて食べ尽くしてしまうそうです。

養蜂指導者とともに、夏の暑さを避けて巣箱を長野・白馬に移したときのこと、クマは周りを囲った高圧電線をものともせずに侵入、木製の巣箱を叩き潰してハチミツを完食し、ミツバチの群れは全滅しました。現実の世界ではクマのプーさんとミツバチは仲良しというわけにはいきません。

黒い色への警戒心は本能に近いのか、黒色の服やプロ用のカメラ機材にも反応します。しかし、こげ茶色や紺色の服にはまったく反応しないのが不思議。黒髪と茶髪も見分けます。黒い髪で網付き帽子をかぶらないときは要注意です。

高圧電線もクマには効き目がなく。

❻女王バチが群の性格を決める
行動力と攻撃性は一致する？

数群のミツバチを同時に飼っているとそれぞれに性質の違いがあることがわかります。大きな違いは活発な群とおとなしい群。女王の性質が反映されていると考えられます。

おとなしい群のほうが飼いやすいのですが、採れるハチミツの量は少なめです。一方、気性の荒い群はハチミツをたくさん集める傾向があります。養蜂家は、群の性質を平均化するために、巣箱間でハチの調整をします。

蜜集めの行動力と攻撃性には果たして関係があるのでしょうか。

気性の荒いアフリカミツバチがセイヨウミツバチと交雑したアフリカナイズドミツバチ（別名キラービー）は、採蜜能力に加えて、プロポリスを作る能力が高いことで知られています。プロポリスはミツバチが新芽や樹皮から集めた樹脂を蜜蝋と混ぜて作り出す粘着性のある物質で、抗菌性のある成分を含むため健康食品として人気があります。アフリカナイズドミツバチは中南米では管理下で養蜂に使われていますが、日本にはいません。

ところで、ミツバチを飼っていると、ごくたまに、女王バチが鳴くのを耳にすることがあります。ピーピーと鋭い声で、巣箱の中から辺りに響きます。女王が誕生したことを知らせる合図か、交尾前のアピールなのか、何かのお触れなのか。

実際には巣から生まれた新女王が鳴くと、まだ王台の中にとどまってる他の女王（複数の場合もあり）が呼応するように鳴くようです。この鳴き声はクワッキングと呼ばれます。

❼蜜だけでなく花粉集めも

体重0・1グラムの昆虫の重労働

ハチミツの成分はほぼ糖類で炭水化物のみ。糖分だけでは大きくなれず、幼虫の成長や成虫の体の維持にはタンパク質やビタミン、ミネラル、カルシウムなどが必要です。ミツバチはこれらの栄養を花粉から得ています。

花粉集めの花の種類は蜜集めよりも幅広く、黄色や白やオレンジなど色とりどりの花粉を集め後ろ脚の花粉かごにまとめて運びます。

たっぷり集めて巣に戻ってくると、巣箱の入口近くで墜落するようにポトンと着地する姿を見かけます。体重0・1グラムの働きバチにとって花粉は大荷物。重めの花粉になると人間の大人が両手にスイカを持って走ってくるぐらいの負荷になるそうです。

後ろ脚に花粉をつけて巣に帰還。

❽働かない働きバチの役割

何もしないのにはワケがある

季節も良く、花は満開、晴天で気温も高いというのに、巣箱の蓋《ふた》を開けると、飛び出していかない働きバチがいます。働き者のはずのメスのミツバチですが、実は全体の3分の1は何もせずに漫然と巣で過ごしているように見えます。

これこそが、ミツバチが生き長らえてきた戦略の一つです。

外勤バチが鳥の群れに集団で襲われたり、近年の農薬汚染でまとまって死んだりして巣に戻ってこないときは、それまで働かなかったハチたちが翌日から働きはじめます。

働かない働きバチは、もしもに備えての予備軍というわけです。

鳴き声の美しいイソヒヨドリは巣箱を出入りするミツバチを狙う天敵です。

❾オスバチの悲しい運命

冬になると繰り広げられる光景

オスバチの大きさは、働きバチの約1・5倍。オスバチは大食らいです。

しかも、蜜を集めない、子育てを手伝わない、住みかを作らない、修理もしない、女王バチのお世話は？　…もちろん、いたしません。

子孫を残す繁殖行為のみがオスの役割なので、女王バチが産卵を休止する冬は必要のない存在といえます。

毎年、越冬期に向かう11月になると、数匹の働きバチがオスバチを巣箱の外に引っぱり出そうとする様子が見られます。オスバチは必死でしがみつこうとしますが、抵抗むなしく巣箱の外へ。寒空の下、翌日には命が尽きてしまいます。

越冬期、巣箱のミツバチの数は活動期の1/3以下に減ります。

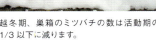

⑩ミツバチ団子で押しくらまんじゅう
厳しい寒さを乗りきるために

真冬になると、働きバチたちが女王バチを真ん中にして団子状態になる光景が見られます（46ページの写真）。

寒い時期に巣箱の蓋を開け放すわけにはいきませんが、じっと見ていると外側にいるミツバチが内側の温まったミツバチと交代する様子が観察できます。統制のとれた押しくらまんじゅうのようです。南極でコウテイペンギンが円陣（ハドル）を作って生まれたてのヒナを守る様子にも似ていますが、ミツバチがお守りするのは女王バチです。

温度センサーで計測すると、巣箱の中は15℃前後、団子の中心は32～33℃まで上がっています。さらに外気温が低くなると、働きバチが体を震わせて熱を発し、35℃±2℃前後を保ちます。

東京でも、冬は巣箱の外側に防寒用カバーをしたり、蓋の内側にフリース布を挟んだりして保温の工夫が必要です。巣の出入口も新聞紙などで4分の3くらいをふさいで冷たい風が入らないようにします。寒冷地では屋内や倉庫の中に入れたり、温暖な地に移送したりして越冬させるそうです。

冬場の食べものは秋までに貯えたハチミツで、これがないと発熱のエネルギー源がなくなり、群は全滅してしまいます。養蜂家は群を保つために水で溶かした砂糖を与えて不足を補います。

団子状態のミツバチは３月の寒い日まで見られます。

一つ一つの六角形が７～８度上向きに並んでいます。

⑪家づくりはDIY
ハニカム構造に角度の工夫

六角形が並んだミツバチの巣のハニカム構造は、働きバチが作り出す蜜蝋からできています。ハチミツや花粉をたっぷり食べたミツバチは、腹部の後ろのほうにある蝋腺から透き通った蝋片を分泌します。これを後ろ脚で顎《あご》まで運び、唾液と混ぜて適度な硬さの材料を作ります。大顎（機能的には歯）を使って正確な六角形の巣をを作り上げていく様子が観察できます。

彼らの優れた建築技術の一つが蜜漏れ対策です。六角形が垂直に並んでいるとハチミツを溜めようにも滴り落ちてしまいそうですが、巣のハニカム構造は一つ一つが7～8度くらい上を向いています。じっくり見てもほとんどわかりません。こんな技術をどこで習得したの？と驚くばかりです。

⑫セイヨウミツバチ vs. スズメバチ
世界を舞台に熱い戦い、勝敗の行方は？

ハチに関する本には、「ニホンミツバチはスズメバチに襲われると集団で蜂球を作って熱殺するが、セイヨウミツバチは戦う術がなく、スズメバチに食われ放題」といった記述があります。

ところが8階屋上では、目の前でオオスズメバチの襲来に勝つセイヨウミツバチの姿を何度も見ています。証拠写真を撮って専門家に聞いてみました。

「おそらく、ミツバチの祖先がセイヨウミツバチとトウヨウミツバチ（ニホンミツバチは亜種）に分かれる前は、スズメバチのようなものと戦う術を持ち合わせていたのでしょう。ヨーロッパにはスズメバチが生息していないので、その能力を発揮する機会がなく、本能か学習で能力が引き出されたのかもしれません」

近年、ヨーロッパ各地の港近くでは、東南アジアからコンテナ船内にいたツマアカスズメバチが外来種として繁殖しつつあります。２０２５年春の最新情報ではセイヨウミツバチがスズメバチと戦う様子が国内外で認知され、レポートに留まらず学術論文も出されるようです。

オオスズメバチと戦う屋上のミツバチたち。

⑬刺さないミツバチ
ハリナシバチのハチミツの味わい

外国には刺さない品種もいると聞いて、朗報！と期待したことがありました。

ところが初代の指導者の矢島さんが飼っていたことがあって、噛みつくと相当痛かったそうです。別名カミツキバチ。針が退化して刺さない代わりに、発達した顎で敵を防御します。中南米やオーストラリア、アフリカ、アジアの一部に生息しています。

マレーシアの養蜂家からいただいたハリナシバチのハチミツは、酸味が感じられるものの、セイヨウミツバチのハチミツとあまり変わらない味でした。

マレーシアのお土産は日本では珍しいスティック状のハチミツです。一番右がハリナシバチのハチミツ。

⑭春一番はサクラのハチミツで
珍しいハチミツが定番になったわけ

赤坂の町内会長の一人が「赤坂の桜はサクランボがなるようになったね」と話してくれたことがあります。

ソメイヨシノをはじめサクラの多くは自家受粉せず、他の品種の花粉で実がつきます。鳥がついばんだり黒くなって落ちたりして大きくは育ちませんが、近隣の人が街の変化に気づいて話してくれたのは嬉しいことでした。

飼育経験を重ねて、どの時期の何の花にミツバチが行くということがわかってくると、高い樹木に咲く花に訪れているミツバチも見つけられるようになります。東京の花見の名所、千鳥ヶ淵に満開の桜を見に出かけたとき、枝先の花から花へとミツバチが忙しく飛び回る姿を見つけましたが、満開の桜の下をそぞろ歩く花見客は、飛んでいるミツバチに気づくことはまずないでしょう。

サクラのハチミツは商品としてはあまり目にしませんが、ミツバチプロジェクトでは、春一番に採蜜できるサクラのハチミツが名物のようになっています。

その秘密は、ソメイヨシノのほかに、ヤエザクラ、ヤマザクラなど周囲にさまざまな種類のサクラがあることです。開花時期が少しずつずれているので、ミツバチは順にサクラの木を巡って蜜を集めてきます。また、葉っぱにある花外蜜腺《かがいみつせん》から分泌される蜜も大きく貢献しているものと思います。

イベントではサクラのハチミツ入りの飲み物が人気。大人向けはハチミツを同量のレモン果汁で溶いて勢いよくビールを注いだカクテル。泡までサクラの香りが楽しめます。

収量は多くありませんが、飲食店や飲料メーカーをはじめ、多くの方の協力を得て、香りのよいハチミツを一緒に味わう喜びは格別です。

⑮ハチミツの賞味期限は？
糖度が高く傷まない保存食品

糖度80度まで熟成を待って採蜜した天然のハチミツは、百年たっても傷まないといわれています。糖度が高く水分が少ないため雑菌は繁殖できず、腐ることはありません。

開封してしばらくたったハチミツが白く結晶化することがありますが、これは花による糖の成分の違いで、糖質の中のアミノ酸成分が多いと結晶化しやすくなります。また、寒さや振動で結晶化することもあります。結晶化しても品質には問題なく、そのまま食べて大丈夫。湯煎で戻すこともできます。

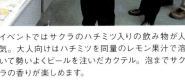

Part 5

驚きと学びの多い巧みな生き方

ミツバチを観察し続けて50年

玉川大学名誉教授
佐々木正己

（上）道端に咲くキク科の一年草コセンダングサの蜜を吸うミツバチ。（下）モンゴルの養蜂場での研修風景。

写真・データ提供（56～63ページ）：佐々木正己

ミツバチの魅力❶

ガラスの巣箱が見せてくれるコミュニケーション

人間にとってミツバチの存在が欠かせない理由は、私たちが食べ物としている農作物の大半が、彼らの花粉媒介の世話にならなければできないこと、それにハチミツをはじめとする貴重な生産物の数々のためです。しかし大学で50年近くミツバチを研究してきた身として、私はここで、ミツバチそのものの生態や社会生活の魅力を、またその魅力がミツバチの何に由来するのかを、例をあげてお話したいと思います。

昆虫マニアの方はよく蝶や甲虫などを標本箱に並べてその美しさを愛でますが、ミツバチにはそうした美しさはありません。その代わり巣箱から出入りする蜂たちをいつまでも見ていられる「親近感」があります。私は研究室で長い間、日本蜂や西洋蜂のコロニー（群）を自作のガラスの観察巣箱（写真1）で飼いながら、その行動を見てきました。その間大勢の方に、女王バチの産卵、働きバチのダンスやグルーミング、扇風などの行動を、眼前で見ていただきながら説明をしてきました。それらの方々は例外なく、身を乗り出して覗き込み、初めて見る巣の中のミツバチの世界に魅了されます。

どうしてかを考えると、彼らが私たちと同じように社会生活を営み、いろんな形でコミュニケーションを取り合っている様子が感じられるからではないかと思うのです。女王による産卵であれば、働きバチたちが産卵用に整えた巣房を探し当て、触角で巣房の直径を測ってメス卵かオス卵のどちらを産むかを決めます。ひとしきり産むと休憩に入り、その間には若い働きバチから口移しでローヤルゼリーをもらいます。ダンスにもいろんな種類があります。有名な8の字ダンスであれば、巣板上でのダンサーの動きから、仲間をどこの花に誘導しようとしているの

自作のガラスの観察巣箱。

か（どちらの方角に何キロメートル）を私たちも読み取ることができます（図2）。距離の情報はお尻を振りながら発する音（250ヘルツ）の長さで伝えます。1キロメートルの距離をおよそ1秒の発音時間に置き換えて表現します。花の方角は飛んでいく時の太陽の方向となす角度で教えます。花がたくさんあるか否かはダンスを踊り続ける回数で示します。ダニに寄生された蜂が仲間にそれを獲ってくれ、とねだる際に踊るダンスはもっと頻繁に見られます。その奇妙なダンスが10～20秒ほど続くと、隣にいる蜂が「しょうがない、獲ってやるか」といった感じで、やおら寄生された蜂にグルーミング行動を始めます。「もうすぐグルーミングが始まるから見ていて」と説明し、その予想が当たると嬉しくなります。扇風による換気行動では、ガラス越しにドライヤーで少し熱を加えると、温度を下げようとしてたちまち扇風蜂の数が増えるので、これも温度調節のやり方がすぐに目に見えて感心してもらえます。

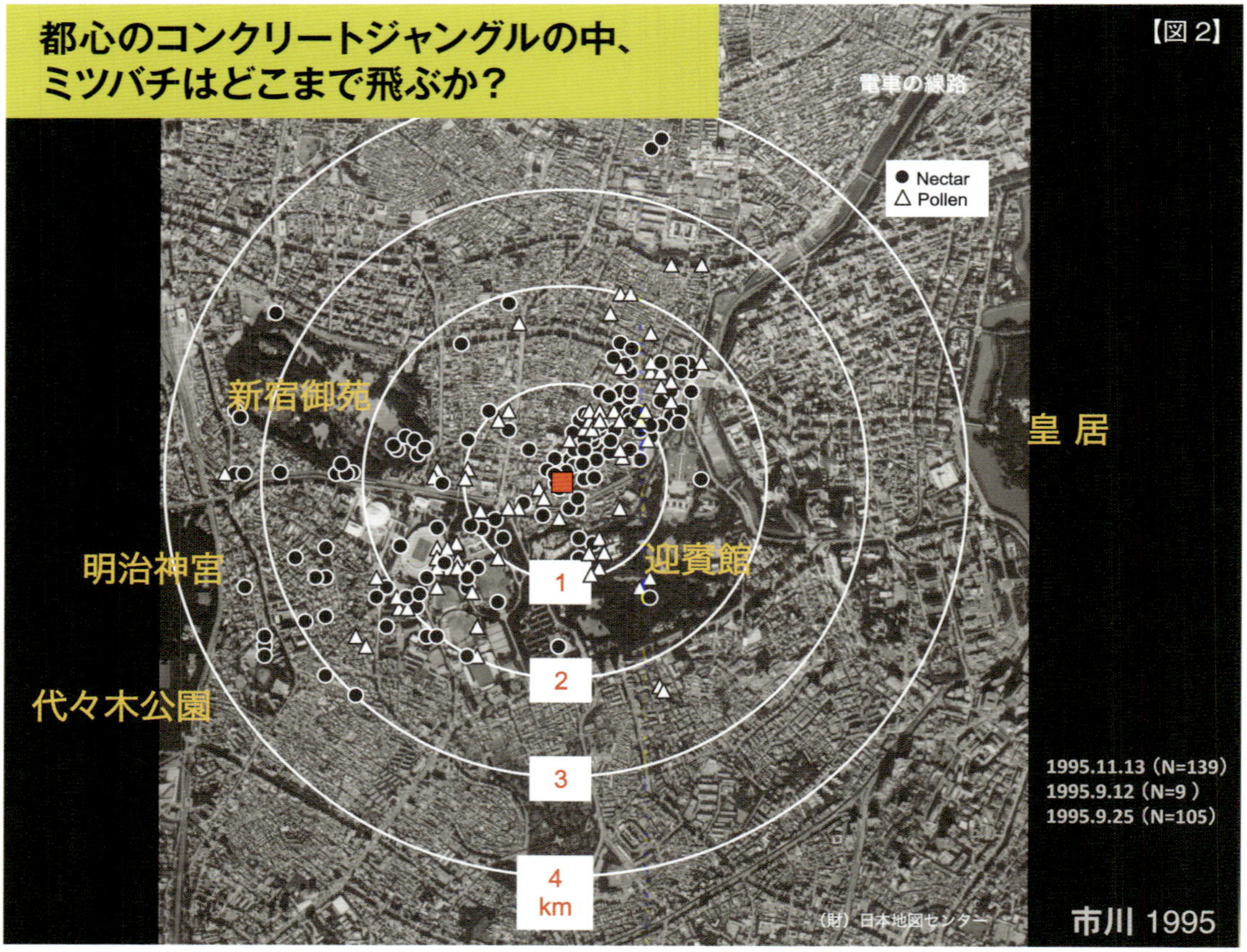

【ダンスの逆探知から調べた都心での秋の採餌圏の一例】
東京都心の信濃町近くの蜂場にガラスの観察巣箱を設置し、1995年に調査した一例。予想と違って、新宿御苑などの大きな緑地にはあまり行かず、周辺の民家などの花によく通っている実態がわかった。それにしてもコンクリートのビル群の中を3～4キロメートルも飛ぶのには驚かされる。1995年9月～11月の3日間の記録から作図（市川，1995年卒論より）　●：花蜜　△：花粉

ミツバチの魅力❷

女王バチ、働きバチ、オスバチがそろって初めて一つの生命体

花に来ている働きバチを見ると、頭があり胸と腹部や翅もあって立派な1匹の個体に見えます。ところがそれではミツバチのことをちゃんと理解したことにはなりません。ではどう見ればいいかというと、巣箱の中の1群全体で、私たち一人の人間に相当すると見る。言ってみればミツバチの1匹1匹は、私たちの細胞の1個1個にあたるようなものなのです。群の中の仕事は女王バチと働きバチ、あるいは働きバチの間でも分業により成り立っていて、働きバチだけでは群を維持することも子孫を作ることもできません。オスバチは繁殖期にだけ作られますが、それも自分たちの群の規模をわかっていて、小さな群では生産されません。

「群を統率しているのは女王バチ」という印象をもたれがちですが、これも違います。女王の仕事は産卵に特化していて、体は大きいのですが、脳の大きさは約100万個の神経細胞からなる働きバチに比べて劣るくらいです。群の中の情報は、その内容によって働きバチの一部、または全てで共有され、どう対処するかは働きバチたちが決めます。例えば分蜂する時、新しい営巣場所をどこにするかを決める時は、いくつかの候補地の情報の中から最終的に行く場所は多数決の原理で決めます。女王バチは群を率いるのではなく、働きバチの先導に従ってついていく形です。こんな具合で、ヒト社会では上から下に命令が伝えられますが、ミツバチの社会はこれとは大きく違ったシステムということになります。特定のリーダーがいない中で実に的確な判断が下され、皆がそれに従って行動するところは私たちも真似したいくらいです。

もう一つだけ、ハチミツをめぐる彼らのやり方を見てみたいと思います。花から集めた蜜を持って帰るとき、腹部にある「蜜胃《みつい》」という風船のように膨らむ袋に入れて運ぶのですが、この蜜胃は「社会の胃袋」とも呼ばれ、その中身は個体のお腹の中にありながら、完全に群の共有財産なのです。飛ぶ距離に応じて、ごく一部は燃料にあてられますが、あとは巣に戻ると全て貯蜜係の蜂に渡してしまいます。貯蔵係はこれに酵素などを加えてハチミツに加工し、長期保存用に蓄えます。ハチミツはエネルギー源や飛行・暖房時の燃料のほか、巣作りのためのワックスの原料ともなります。蜜などを共有財産として扱う考え方は徹底していて、いま、数匹の蜂を小さなカゴに入れて、蜜胃が空っぽになるまで飢えさせ、その内の1匹だけに蜜を与えます。普通なら蜜をもらった1匹だけが生き延びそうですが、実際には蜜は平等に仲間に分配され、死ぬ時は皆一緒です。

「ハニーウォーク」と身近な蜜源植物

赤坂みつばちあのプロジェクトの素晴らしいところは、市民がミツバチへの目線を通して環境問題を考えるところ、それも東京（都会）の真ん中で展開されていること、それに子どもたちにもそういった問題に開眼させるきっかけを提供し続けてきたことだと思います。私はその中で、いわゆる「ハニーウォーク」の講師役をさせていただいてきました。赤坂のTBS社内でのスライドによるオリエンテーションの後、皆で屋外へ出て、屋上で飼っている蜂たちの蜜源・花粉源になりそうな植物を観察しながら街を歩くのです。

実際に蜂が花に訪花しているところは見られないことも多いのですが、都会であっても蜜源・花粉源となる植物は意外に多く、蜂の目線で見た植物たちの特徴や貢献度を解説させてもらいます。例えばアカメガシワという木が目につくのですが、これは鳥が種を運んで散布した結果自然に生えたものであること、雄と雌の木があって花が咲くようになるまでの年数が短いパイオニアツリーであること、雄木は梅雨明け頃の重要な蜜・花粉源になることなどをお話しします。塀などを覆うツタはブドウの仲間なのですが、6月の花期にはミツバチの訪花で大いに賑わうこと、ただし蜜を吹くのは午後の3時頃に限られ、午前中や夕刻に観察しても蜂は1匹も来ないこと、蜂は蜜の出る時刻を簡単に学習し、毎日その時刻になると通ってくることを紹介します。蜜源植物というとレンゲ畑やアカシア林を想像されるかもしれませんが、街路樹や街角の公園、民家の庭先の花々も立派な蜜源になることを確認しながら歩きます。

TBSの周りで見られる主な蜜・花粉

秋に咲くセイタカアワダチソウも蜜源に。

小さな白い花が咲くエゴノキ。

なかなか目にしないツタの花にもやってきます。

源は、春ならツバキ、ウメ、ボケ、モモ、サクラ類、エゴノキ、ミカン類、トチノキ、カキノキ、クロガネモチ、ソヨゴ、夏にかけてはクリ、ヤブガラシ、ハギ類、ヌルデ、秋から冬にかけてはセンダングサ、セイタカアワダチソウ、サザンカ、ヤツデ、ビワなどです。都会のいいところは、ミツバチが訪花できる花が一年中咲いている点です。街にもこんなに多様な蜜・花粉源があるということを、本やインターネットからではなく、実物を手にとって観察するところが、このイベントの目玉です。講師役としては、何に出会えるかは出たとこ勝負なのですが、いつもとても楽しく歩けて感謝しています。

ヤブガラシの花と花蜜が出ている様子。

都会でも意外と大量の蜜が採れるわけ

　パリのオペラ座の屋上でミツバチを飼っていて、蜜もけっこう採れるとの情報が世界中に配信されたことも手伝い、日本でも都市養蜂が盛んです。このところの夏の異常な暑さの中では、屋上でのミツバチの生活はとても厳しいものがあり、日よけなどの工夫を凝らさないと蜂たちにはかわいそうなのですが、それでも蜂たちはビルの間を縫って飛びながら、けっこうな量の蜜を集めてきます。もちろん飼っている者としては嬉しくなります。

　でもここでぜひとも考えて頂きたいことがあります。それは、花がそんなに多いとは思えない都会で、蜂はどうしてこんなに大量の蜜を集めてこられるのか、の理由です。その第一は、少ないように見えても案外花がある、しかもヒトが観賞用に植えたものですから、季節を通して咲いているということ。それなしには蜜や花粉は集められません。

　問題はもう一つの理由です。花の蜜や花粉は本来、多種多様な昆虫たちが共有して利用する資源なのですが、ここ50年くらいの間に、全地球規模で昆虫たちが激減しています。原因は乱開発、農薬、温暖化など複合的と考えられますが、真相はまだわかっていません。日本の状況も深刻です。ましてコンクリートジャングルと化した都会ではなおさら虫を見かけなくなりました。この状況は、ミツバチにとってみれば「アブやハエ、ハナムグリなどの競争者がいない」、つまり蜜や花粉を「独り占め」する形になるわけです。この実態があって結果的に蜜が採れる、そう考えると喜んでばかりはいられないと思いませんか？

都会の対極モンゴルの大草原で高校生たちが養蜂研修

赤坂のプロジェクトの話からはそれますが、高校生を対象とした異色のプロジェクトについて少し紹介させてください。日本中央競馬会特別振興資金助成により、この度（2024年）、将来の養蜂産業を支える人材の育成を目指した事業が実施されています。最近全国各地の高校でミツバチに関わる部活動が盛んになっている中、それらの高校の生徒さんの中から、国内での講義や養蜂研修に加え、17名（計14校から選抜）がモンゴルに行き、発展著しい養蜂産業のシステム作りの現場を見学・体験してきました。ミツバチと自然、社会や食物との関わり、人間社会の維持に養蜂が重要なことなどを体感してもらうべく、国際農林業協働協会（JAICAF）が企画しました。この研修は2013年から8年間にわたったモンゴル養蜂への指導実績を生かし、モンゴル政府の協力も得て夏休み中に実施されました。将来を若者に託す研修という点では赤坂のプロジェクトとも共通します。

各校を代表する形で初めは面識もなかった高校生たちでしたが、ミツバチや養蜂への思いを同じくする同志のこと、たちまち仲良くなり、見渡す限りの草原の中での養蜂現場や、農牧省、農科大学の訪問、日本の国際協力機構（JICA）や先方の政府関係者からの説明、ハチミツ会社の見学と、盛りだくさんの企画にとても積極的に参加しました。引率に当たったJAICAFのメンバー、現地養蜂指導を牽引してきた干場英弘元玉川大学教授、同じく現地の蜜源植物の図鑑作

モンゴルの国花、マツムシソウを訪れるミツバチ。

❶広大なヒマワリ畑と巣箱。❷❸養蜂場での研修風景。❹どこまでも続く牧草地と馬。❺JICAで日本の養蜂協力について説明を受ける。❻農科大学で、畜産バイオテクノロジー学部長（後方左手）と文部科学省の係官（中央）からモンゴルの養蜂事情の説明を受ける。

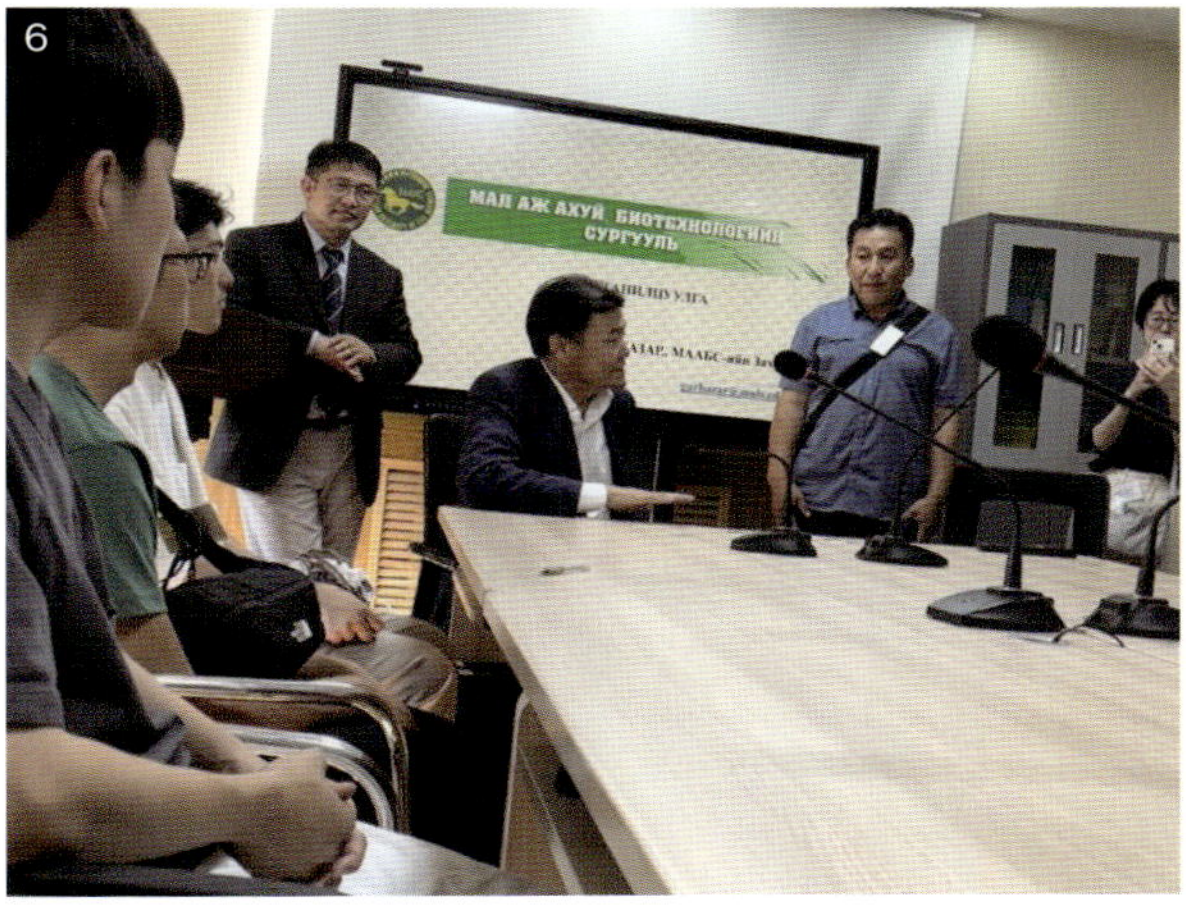

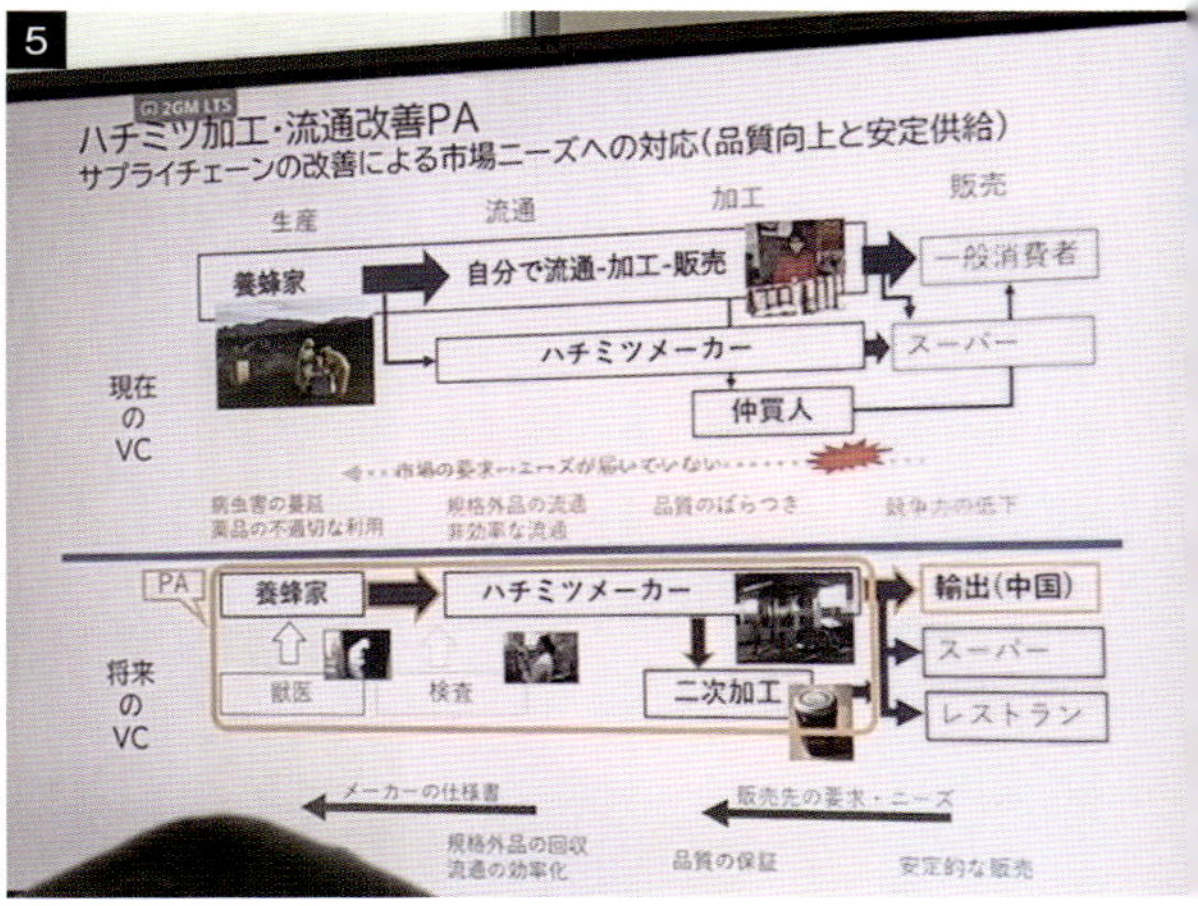

りに参画した私としても、自由度の高い中、自制・積極性・品位をバランスさせた彼らの行動には感心させられました。いくつかのグループに分かれ、自分たちで研究課題を設定して臨みましたが、帰国後の成果プレゼンも立派でした。それぞれ自校に戻った後も、今度は近隣のプロ養蜂家を訪ねての研修が続いていて、今後の彼らの活躍に期待したいところです。

モンゴルでの養蜂研修の詳細は、養蜂産業振興会報第12号をご覧ください。

Profile

玉川大学名誉教授
佐々木正己

玉川大学農学部でミツバチの女王分化を卒論テーマとしたのがミツバチとの出会い。東京農工大学と東京大学の大学院で、それぞれ寄主植物特異性と体内時計について研究の後、母校に戻り、ミツバチの社会性機構を中心に研究。農学部長、農学研究科長、学術研究所長などを経て退職。現在は同大名誉教授、一般社団法人養蜂産業振興会代表理事。著書に『養蜂の科学』『ニホンミツバチ』『蜂からみた花の世界』『動物は何を考えているか（分担執筆）』などがある。

Part 6

地元小学生の養蜂学習体験記

ミツバチのワヤワヤ感、子どもだからわかること

養蜂家・東京都養蜂協会理事・元 TBSミツバチプロジェクト指導者
髙橋和子

画像提供：東京都世田谷区立世田谷小学校

2024 年 5 月、自分たちでお世話をしたミツバチのハチミツを採取したときの記念写真。

世田谷小学校5年Bee組ミツバチプロジェクト始動！

2023年5月のこと。息子の小学校時代の担任の先生から電話がかかってきました。

「総合学習の一環で子どもたちがミツバチを飼うことになりました。そのサポートをお願いできませんか」

地元の世田谷小学校で5年生を受け持つ阿部幸乃先生は、私が長年にわたって自宅で養蜂を行っていることをよくご存じです。子どもが大好きな私は、喜んでお引き受けすることにしました。

ミツバチをテーマにした総合学習の取り組みは1年間ということで、まず、子どもたちにミツバチを知ってもらおうと、観察箱を持って6月の初めに阿部先生が受け持つ5年1組の教室に伺いました。

黄色い服を着てミツバチのしぐさを真似しながら話をすると、みんな興味を持ってくれて、子どもたちともすぐに仲良くなれました。養蜂は年間を通してさまざまな作業があるのですが、子どもたちにはおもしろいことだけを体験してもらうのがよいと考え、6月中旬に、かつて養蜂の指導をしていたTBSで「ミツバチ教室」を開いていただき、子どもたちと一緒に参加しました。

6月1日に5年1組に伺ってミツバチの話をしました。身振り手振りでミツバチの様子を説明。

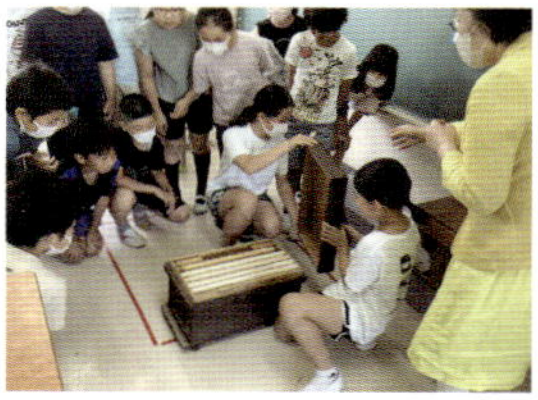

ミツバチが入っていない巣箱を使って、中の仕組みを見てもらいました。

初めて見る観察箱のミツバチに耳を澄ませ、自然と手が伸びます。

6月16日にはTBSでミツバチ教室を開いていただきました。

面布をかぶり手袋をつけて、いざ屋上へ！

女王バチ、オスバチ、働きバチの役割や特徴を教えてもらい、赤坂で採れたおいしいハチミツを味わい、赤坂みつばちあのボランティアの皆さんに面布をかぶるのを手伝ってもらって、さあ、いよいよミツバチが飛び回る屋上の養蜂スペース見学です。巣箱から出した巣枠にたくさんのミツバチがうじゃうじゃいる様子に子どもたちは大興奮！

　巣に頭をつっ込んだり、お尻を左右に動かしたり、せかせか動き回る姿を驚きながら見ていました。ミツバチを間近で見るのは初めての子どもが多く、2時間ほどの「ミツバチ教室」は忘れられない授業になったようです。

　続いて7月には、私が自宅で飼っているミツバチが集めた桜の蜜で採蜜を体験しました。包丁を使って蜜蓋《みつぶた》を切る子どもたちの手際もよく、遠心分離器を回して蜜が出てきたときは「わーっ！」と大歓声があがりました。5年Ｂｅｅ組のミツバチＢｏｏｍＢｏｏｍプロジェクトは、このようにスタートしました。

7月1日に採蜜を行いました。ハチミツがぎっしり詰まった巣板で、蜜蓋の切り方を説明しました。

とても初めてとは思えないくらい上手に蜜蓋を切っていました。

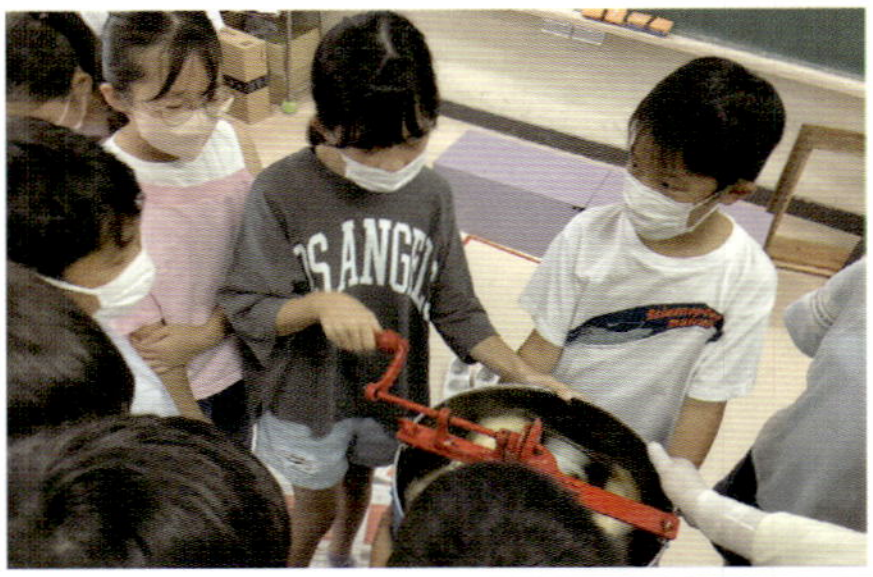

遠心分離器をおそるおそる回して、ハチミツが出てきたときは一斉にタブレットが向けられました！

採蜜したハチミツを味見して、そのおいしさに笑顔！

ミツバチの身になって考える豊かな感性を持つ子どもたち

　子どもたちが実際にミツバチを飼い始めたのは、翌2024年の1月からです。それまでの期間は巣箱を作ったり、蜜源植物を探しに出かけたり、ミツバチを飼い始めたことをご近所に知らせるためのポスターづくりや広報画像を動画で撮るなど、ミツバチを迎える準備をしました。

　ミツバチの入った巣箱を運び込んだのは、冬晴れの日でした。設置場所は2階建ての東校舎の屋上で、樹木が茂る世田

ミツバチエピソード❶　保育園児にミツバチを見せたとき、8の字ダンスを踊っていました。「8の字ダンスよー、なんで踊ってるのかしらねー」と言ったら「森の中から音楽が聞こえてくるんだよ」。その答えに大人はとろけてしまいました。

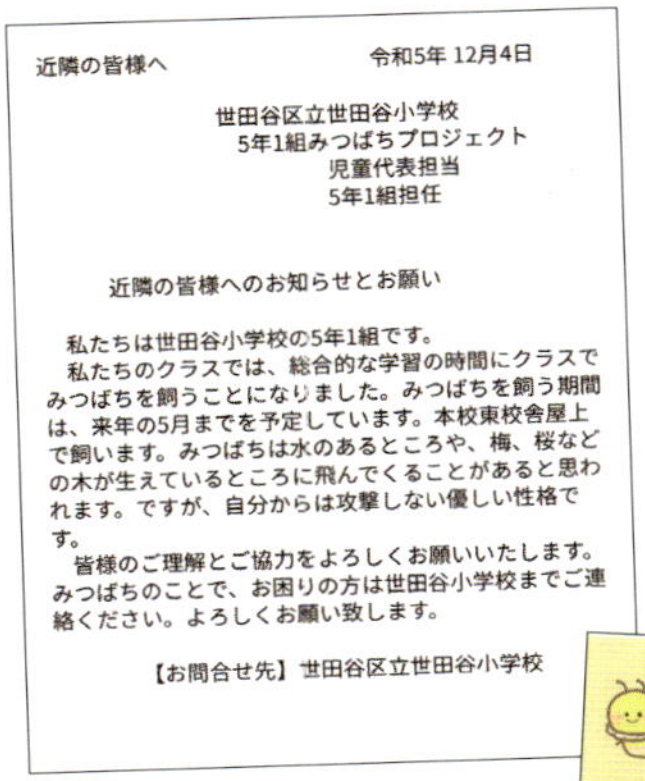

近隣の皆様へ　　令和5年 12月4日

世田谷区立世田谷小学校
5年1組みつばちプロジェクト
児童代表担当
5年1組担任

近隣の皆様へのお知らせとお願い

私たちは世田谷小学校の5年1組です。
私たちのクラスでは、総合的な学習の時間にクラスでみつばちを飼うことになりました。みつばちを飼う期間は、来年の5月までを予定しています。本校東校舎屋上で飼います。みつばちは水のあるところや、梅、桜などの木が生えているところに飛んでくることがあると思われます。ですが、自分からは攻撃しない優しい性格です。
皆様のご理解とご協力をよろしくお願いいたします。みつばちのことで、お困りの方は世田谷小学校までご連絡ください。よろしくお願い致します。

【お問合せ先】世田谷区立世田谷小学校

近隣の皆さんへ配ったごあいさつとお願い文。

校内に貼った注意書き。

ミツバチを飼うこと、こわくないことを動画でお知らせしました。

ミツバチが出入りする巣箱の正面にプロジェクト名を入れ、巣箱の横には可愛らしいイラストを。２段の巣箱が完成しました！

学校周辺に咲く蜜源探しにGO！

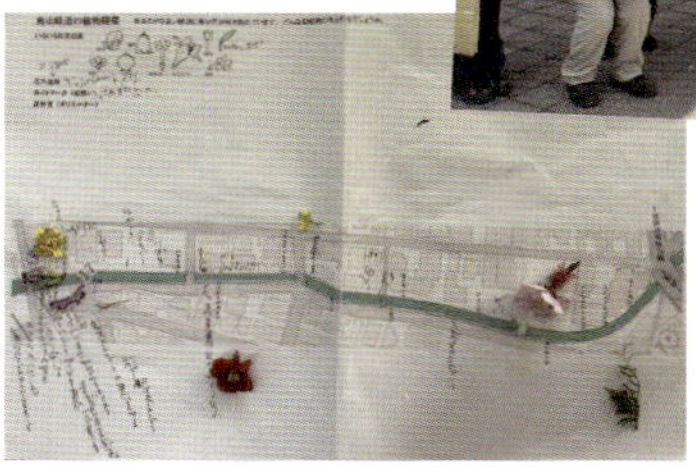

鳥山緑道の植物観察マップ。

谷八幡宮のちょうど向かいです。巣箱を置く場所を考えるとき、大人は自分の都合で巣箱の中の様子を見る内検しやすいところを選びがちです。ところが子どもたちからは「寒い季節だから、雨が降っても大丈夫なひさしの下で、陽が射すところがいい」という意見がごく自然に出ました。ミツバチの気持ちになったり、自分の身に置き換えたりしながら、太陽の動きや天気などを考えてくれたのです。

ミツバチたちは運び込まれた初日は、巣箱から1匹も出てこようとしませんでした。翌日になると姿を見せてくれるようになり、子どもたちとミツバチはお互いに少しずつ慣れていったようです。

子どもたちには当番を決めて月曜から金曜まで水やりや天気、気温、気づいたことを記入する「観察日誌」をつけてもらいました。巣箱を開けての内検は毎週土曜日に行い、記録係が「内検日誌」としてまとめてくれました。すごいなと思ったのは、観察でも内検でも子どもたちがミツバチをこわがっていないことでした。むしろ「刺されてェ〜！」なんて言う男の子がいるほどで……。それくらいミツバチに接したくて、可愛がって毎日の変化を楽しんでいたようです。ミツバチが喜んでいるのを実感できたのだと思います。

子どもたちは養蜂の体験を通して、ミツバチってこういうふうに生きているんだ、ハチミツはこうやってできるんだ、蜜源となる花がないとダメなんだ、自分たちが口にする農作物がミツバチによって実るんだ、といったことがわかったのがおもしろかったようです。そしてミツバチを飼えば必ずハチミツが採れるわけではなく、花と天気とミツバチがそろわないと採れないんだよということも理解してくれて、「待つ」ということを覚えてくれました。農業がそうであるように、自然や生きものとの付き合いを通して「自分の思い通りにならないこともある」ということも養蜂から学んでくれたと思います。

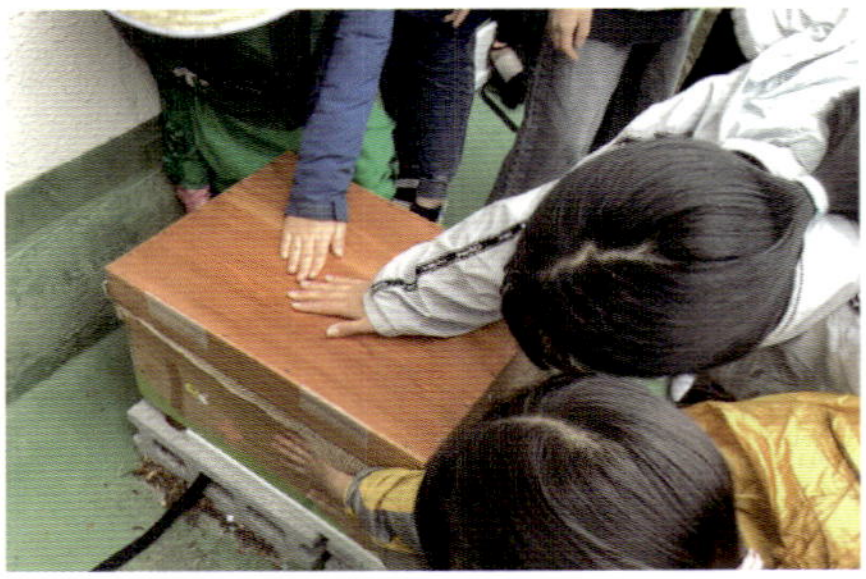

1月に運び込まれた巣箱と、それを触る子どもたち。

本からもミツバチや養蜂を学びました。

5年Bee組の日誌抜粋

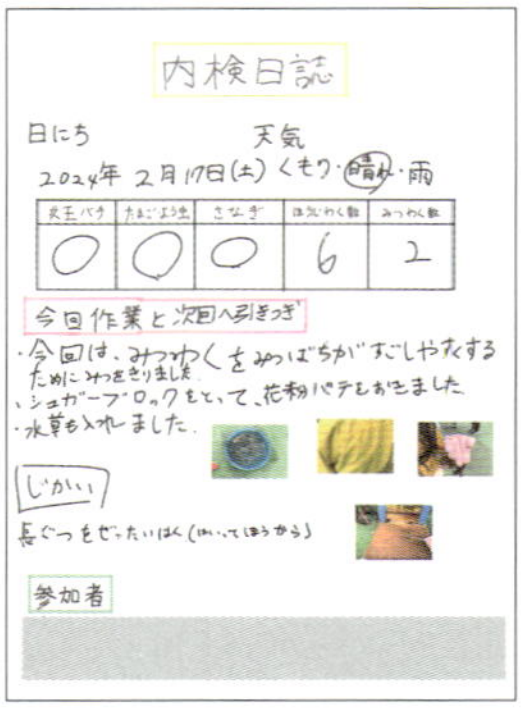
内検日誌
日にち 2024年 2月17日(土) 天気 くもり・晴れ・雨

女王バチ	たまご・よう虫	さなぎ	ほうじわく数	みつわく数
0	0	0	6	2

今回作業と次回へ引きつぎ
・今回は、みつわくをみつばちがすごしやすくするためにみつきりました
・シュガーブロックをとって、花粉パテをおきました
・水草も入れました
じかい
長ぐつをぜったいはく(はいってほうから)
参加者

土曜日の内検には、校長先生や副校長先生も来てくださいました。

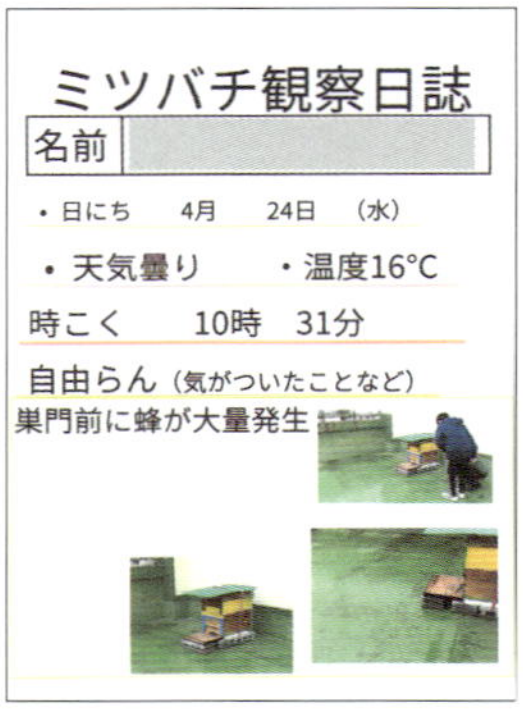
ミツバチ観察日誌
名前
・日にち 4月 24日 (水)
・天気曇り ・温度16°C
時こく 10時 31分
自由らん(気がついたことなど)
巣門前に蜂が大量発生

ミツバチの様子を見るときは面布をかぶろうね！

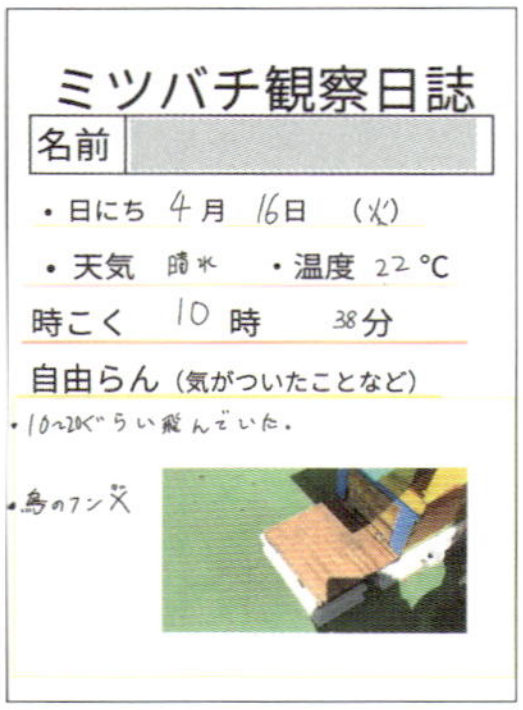
ミツバチ観察日誌
名前
・日にち 4月 16日 (火)
・天気 晴れ ・温度 22°C
時こく 10時 38分
自由らん(気がついたことなど)
・10~20ぐらい飛んでいた。
・鳥のフン✕

「鳥のフンがない」など環境もチェック。

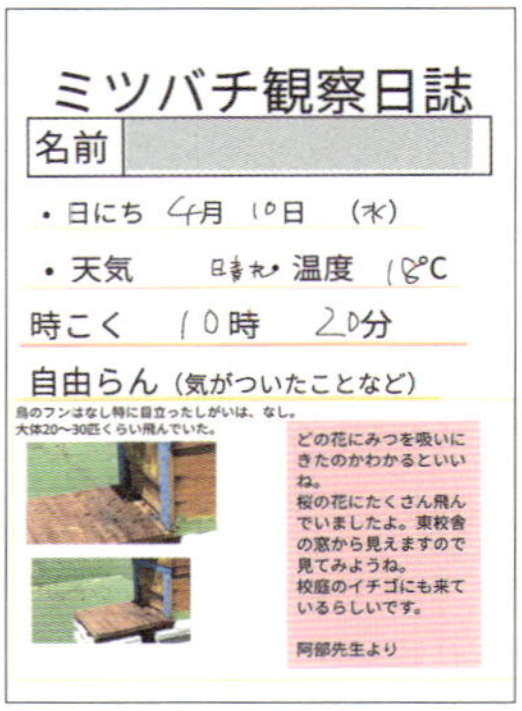
ミツバチ観察日誌
名前
・日にち 4月 10日 (水)
・天気 晴れ ・温度 18°C
時こく 10時 20分
自由らん(気がついたことなど)
鳥のフンはなし特に目立ったしがいは、なし。
大体20~30匹くらい飛んでいた。
どの花にみつを吸いにきたのかわかるといいね。
桜の花にたくさん飛んでいましたよ。東校舎の窓から見えますので見てみようね。
校庭のイチゴにも来ているらしいです。
阿部先生より

ミツバチ観察日誌には阿部先生のコメントも。

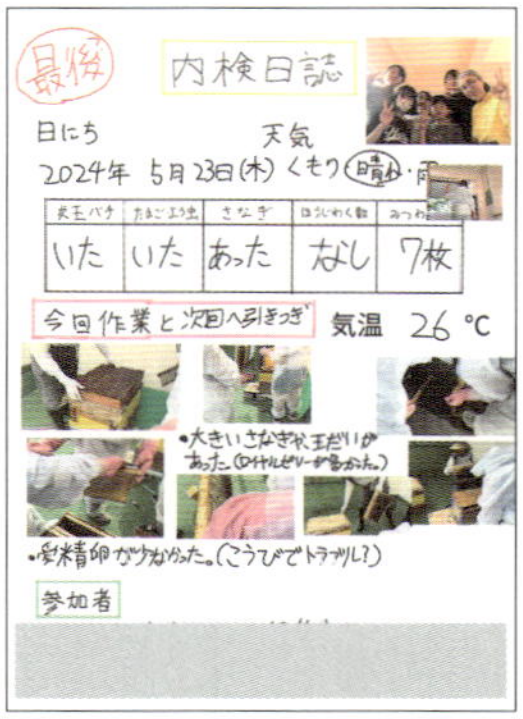
最後
内検日誌
日にち 2024年 5月23日(木) 天気 くもり・晴れ・雨

女王バチ	たまご・よう虫	さなぎ	ほうじわく数	みつわく数
いた	いた	あった	なし	7枚

今回作業と次回へ引きつぎ 気温 26°C
・大きいさなぎや王だいがあった(ロイヤルゼリーが多かった。)
・受精卵が少なかった。(こうびでトラブル?)
参加者

最後の内検はピース写真で締めくくり。

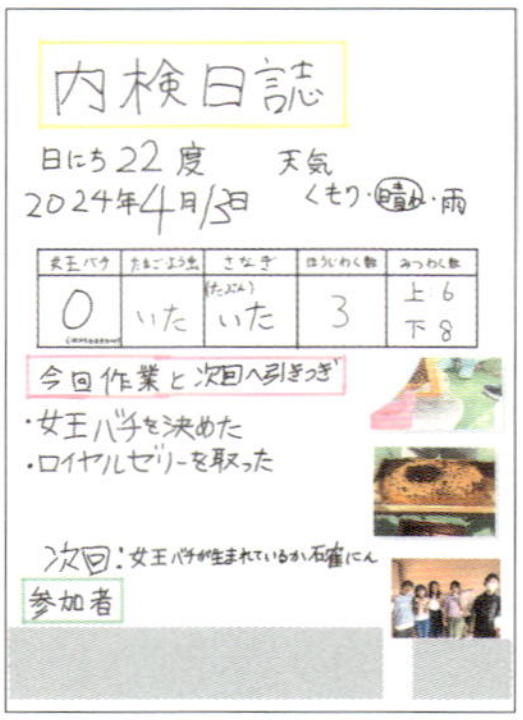
内検日誌
日にち 22度 2024年4月13日 天気 くもり・晴れ・雨

女王バチ	たまご・よう虫	さなぎ	ほうじわく数	みつわく数
0	いた	(たぶん)いた	3	上 6 下 8

今回作業と次回へ引きつぎ
・女王バチを決めた
・ロイヤルゼリーを取った
次回：女王バチが生まれているか確にん
参加者

女王バチを決めたときの内検日誌。

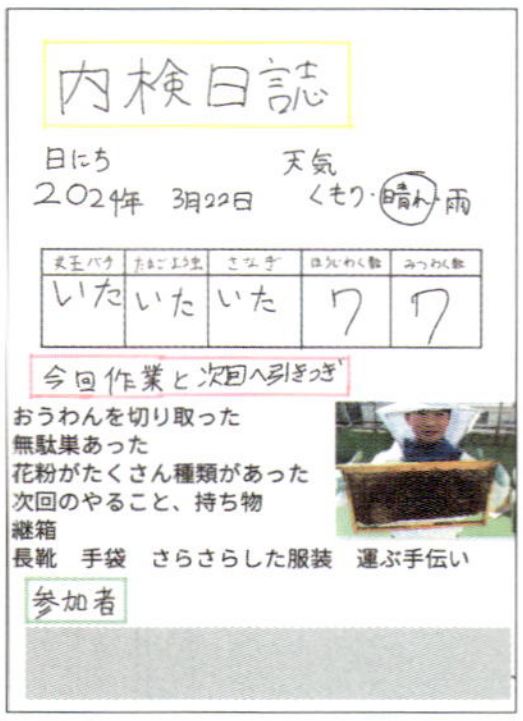
内検日誌
日にち 2024年 3月22日 天気 くもり・晴れ・雨

女王バチ	たまご・よう虫	さなぎ	ほうじわく数	みつわく数
いた	いた	いた	7	7

今回作業と次回へ引きつぎ
おうわんを切り取った
無駄巣あった
花粉がたくさん種類があった
次回のやること、持ち物
継箱
長靴 手袋 さらさらした服装 運ぶ手伝い
参加者

3月になりミツバチの活動も活発になります。

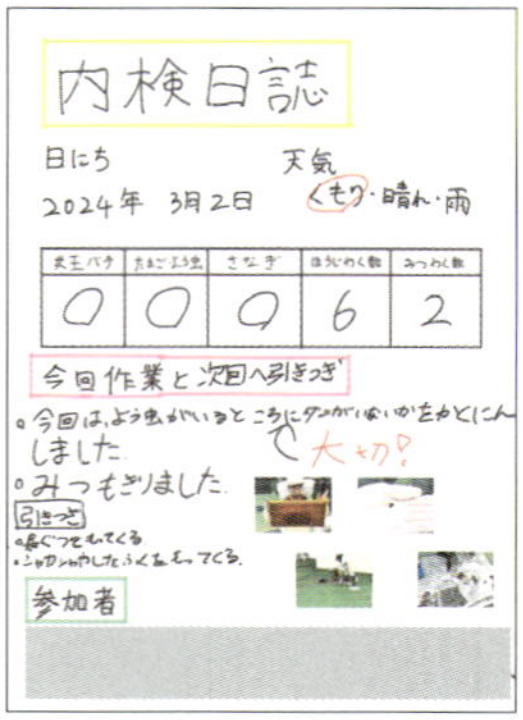
内検日誌
日にち 2024年 3月2日 天気 くもり・晴れ・雨

女王バチ	たまご・よう虫	さなぎ	ほうじわく数	みつわく数
0	0	0	6	2

今回作業と次回へ引きつぎ
・今回は、よう虫がいるところにダニがいないかをかくにんしました 大切!
・みつきりました。
引きつぎ
・長ぐつをもってくる。
・シャカシャカしたふくをもってくる。
参加者

大切なことは次回に引き継ぎ！

ミツバチエピソード❷ いくつかの新女王の王台を見て、「どれがいいと思う?」「これがいいんじゃない」「なんで?」「だってみんながお世話しているよ。ほら、こっちのはほっとかれてる」

ミツバチが教えてくれた「安心感」と「自信」

子どもたちは驚くほどミツバチをよく見ていました。働きバチは毎日働きづめで、すごく真面目にやっているわけじゃなくて、巣の中でガヤガヤと意見を言い合っているようにも見え、なんだかワヤワヤしていると。5年1組の子どもたちは「こんなにケンカしてもいいんだ！」「いじめられたり友だちがいなくても、巣箱には1万匹の友だちがいるんだ！」「針も持ってるよー」「誰かに合わせなくていいんだ！」とギャーギャー言い合って、でもそのうちまとまって「これやってみよう！」になっていったそうです。ミツバチは思い思いに動いているようで、巣箱の群れは次世代を残すことをひとつの目標にしている。そのことに子どもたちは「安心感」を持ったようで、5年1組は一致団結した最高のクラスだった！と子どもたちが言ってくれたときは心の底から感激しました。

養蜂を体験することで子どもたちはミツバチのこと、取り巻く環境についてを知りました。気づかなかったけれど身近にこんなにたくさんの蜂がいて、その蜂が花から蜜や花粉を集めている。どこに花が咲いているのかを調べると、自分が暮らしている環境を知るようになる。ミツバチに対してよいことをしてあげると、実は自分たちの生活もよくしていることになって、それが子どもにとっての「自信」になっていくんです。自分が立っている土台に自信が芽生えてイキイキしてくるんですね。一年間をいっしょに過ごして、ちょっとしたことでくじけたり、いじけたりすることが無くなったように思えます。そうなると子どもたちってどんどん強くなっていって、行動が変わっていったのがわかりました。

ぎっしり詰まったハチミツに思わずニコニコ。

子どもたちはいつも真剣に話を聞いてくれました。

内検作業も和気あいあい。

ミツバチは1センチ足らずのちっちゃな虫です。探さなければ見つかりません。でも子どもたちは大人が口で説明するより五感を通していろんなことをミツバチから学び取ってくれました。たくさんの質問が子どもたちからありました。でもすべてには答えませんでした。疑問に思ったときのにおいや音、夕焼けの色などが、5年後か10年後に何かと結びついて自分の答えとして見つけてほしいからです。

ミツバチとの出会いは祖父母の庭先養蜂

私が初めてミツバチと出会ったのは、嫁ぎ先の婚家の庭先でした。明治生まれの祖父が自宅で飼っていたのです。祖父は小学生のときに千葉のとある家で飼っているミツバチを見て、「いつかは自分も飼ってみたい」と思ったのだそうです。やがて日本は戦争となり、物資や食べ物が少なくなっていきました。砂糖もなかなか手に入りません。そこで祖父は、ミツバチを飼って甘いハチミツを家族に食べさせたいと考え、戦後から祖母と一緒に養蜂を始めました。人と共存して体にいいものを与えてくれ、家族を守ってくれるのだからとミツバチを崇めるように大事にしていました。採れたハチミツは薬のように使っていたことが思い出されます。

当時のモノクロ写真が残っています。作業服などなかった時代、ワイシャツを着てゲタをはいています。ワイシャツ姿からはミツバチに敬意を表す気持ちが感じ取れます。よく見ると巣箱の周りにはたくさんのミツバチが乱舞していて、もしかすると分蜂をしようとしていたのかもしれません。

私も祖父母と同じようにミツバチに魅せられました。ブンブンと羽音をたてながら、小さい体に花粉を団子にしてつけて、えっちらおっちら巣箱に戻ってくる姿に「なんて愛おしいんだろう！」と心が震えました。養蜂をしてみたいと話すと、祖父から飼う場所を中心とした半径

庭のローズマリーも蜜源に。

羽根木公園の梅林のウメ。

ユリノキの花。

撮影：髙橋和子（ローズマリー、ウメ）、渡邉里加（ユリノキ）

ミツバチエピソード❸　内検や採蜜でミツバチが言うことをきいてくれないとき、子どもたちはこう言いました。「反抗期だー！」

2キロメートル圏内に、どんな花が咲いていてミツバチの蜜源となる植物があるかどうかをまず調べなさいと言われました。花は四季を通じて咲きます。早春のウメから始まって、モモ、サクラ、ローズマリー、ミズキ、5月になるとニセアカシア、クスノキ、トチノキ、ユリノキ、柑橘類、カキ。6~7月に入ってボダイジュ、ラベンダー、アカメガシワ、エンジュ、ムクロジ、キリ、クローバーなどがありました。蜜源を調べるのに1年かかりましたが、自分が暮らす街に咲く花を探す作業はまるでミツバチになったような気分でした。そしてミツバチは蜜を集めるだけでなく、私たちのためにもっと大きな役目を果たしてくれていることを徐々に知っていったのです。

近所にあったベニバナトチノキ。

ミツバチがびっしりついた巣板を持つ祖父。　提供：髙橋和子

庭先養蜂する祖父。　提供：髙橋和子

自宅の庭と裏手に置かれた巣箱。新年は正月飾りを付けて共にお祝いします。

自宅の水飲み場にやってきたミツバチ。

撮影：髙橋和子（ベニバナトチノキ、庭の巣箱、巣箱、水飲み場）

ミツバチを通した体験が私たちにもたらすもの

ミツバチを飼うことは、暑くても寒くても待ったはききませんし休みもありません。自分の子育てとミツバチのお世話の両方を続ける日々のなかで、ときにくじけそうになっても、いつもミツバチが私に元気をくれました。娘や息子は私が庭先で養蜂する姿を見て育ちました。孫もそうです。幼いころからミツバチに接していたからでしょうか、ミツバチに起こることを自分の身に落とし込んで考えているようでした。孫などは庭で遊んでいて素足で踏んで刺されてしまったときに「痛い！」ではなく「ハチさんが死んじゃったー」と泣き叫びました。大人なら「刺されたー」が先ですが、子どもは違うのです。自分の痛みよりも死んでしまったミツバチのほうが優先されるのです。子どものときにミツバチの世界を見ることは、自分目線だけで考えない人になれそうでとてもいいことだと思いました。

私自身、ミツバチから多くのことを教えてもらいました。オーバーな言い方かもしれませんが、働くということ、家族を守ること、本当の意味で相手を気遣うことからコミュニケーションの大事さ、生き方までがあの小さな巣箱の中につまっているのです。そのことを知るチャンスはなかなかないかもしれません。でも今回の世田谷小学校のような取り組みなら、ミツバチや養蜂、取り巻く環境をたくさんの子どもたちに知ってもらうことができるのです。ミツバチと接する子どもたちのすばらしい感性を、これからも育んでいきたいです。

Profile

養蜂家・東京都養蜂協会理事・元TBSミツバチプロジェクト指導者
髙橋和子

大阪府出身。結婚を機に東京都世田谷へ。夫の祖父母が1940年代後半の終戦後に始めた庭先養蜂を受け継ぎ、1999年から養蜂を始める。東京都養蜂協会に入るとともに、"代田地産"のハチミツを地元に届けている。2019年から約3年間、赤坂みつばちあの養蜂を指導。また2023年には区立世田谷小学校5年生の総合学習「ミツバチ」に加わり、子どもたちの養蜂を1年間サポートする。現在、東京都養蜂協会理事。鍼灸師の資格も持つ。

世田谷小学校5年1組 Boom Boomプロジェクト

担任　阿部幸乃先生

ミツバチエピソード❹　将来養蜂家になりたいという女の子がいました。誕生日のプレゼントにミツバチをお願いしたそうです。

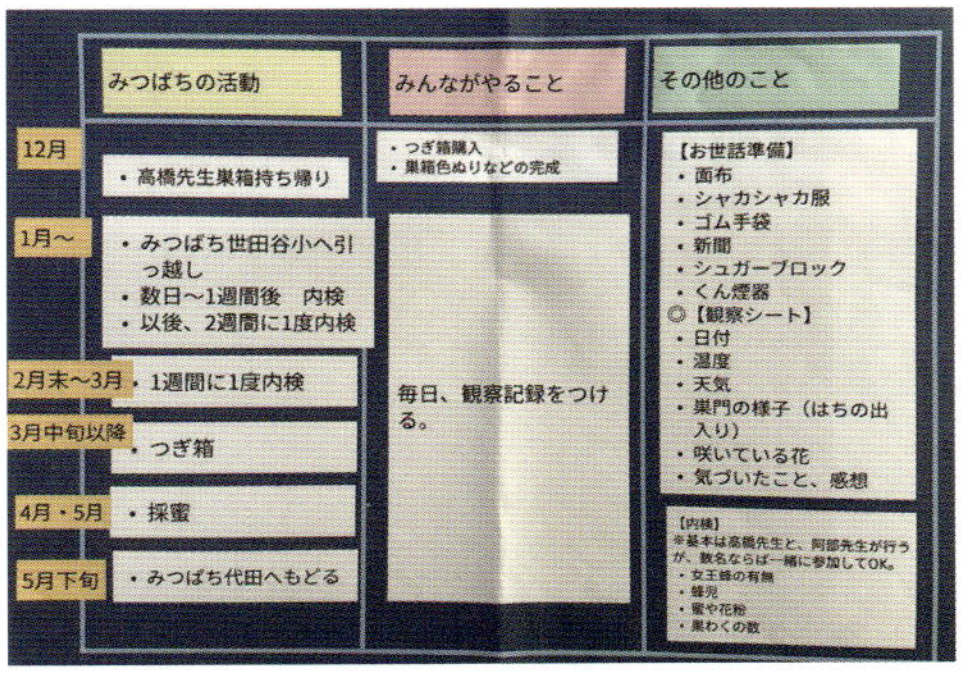

まとめた1年間のプロジェクトの予定。

《5年1組ミツバチ BoomBoom プロジェクトの流れ》

2023年	4月	総合学習で何に取り組むかをクラスで話し合う
	5月	テーマがミツバチを飼うことに決まる 養蜂家の髙橋和子さんへサポートを依頼
	6月16日	TBSでミツバチ教室
	7月1日	採蜜体験
	10月～11月	ミツバチを迎える準備期間
2024年	1月20日	学校へミツバチがやってくる。養蜂開始！ 翌日から観察日誌をつけ始める。内検は毎週土曜日
	4月	新学期に入って学年があがり、クラス替えもあったが、旧5年1組として養蜂を続ける
	5月15日	自分たちで育てたミツバチの採蜜を行う
	23日	最終の内検を行う
	27日	ミツバチを髙橋さんへお戻しする

新学期になり、総合学習のテーマが子どもたちからいくつか出されました。最終的にお米にするかミツバチにするかで話し合いを重ね、「新しいことにチャレンジしたい」という意見が出てミツバチになりました。テーマは子どもたちから出たものに加えて、やってみるとよさそうなものも提案しました。最後の話し合いのときの板書を見ると、13対14の1票差。ミツバチには「こわい」という意見もありましたが、「みんなでやって乗り越えて行こうよ！」という雰囲気が生まれスタートしました。

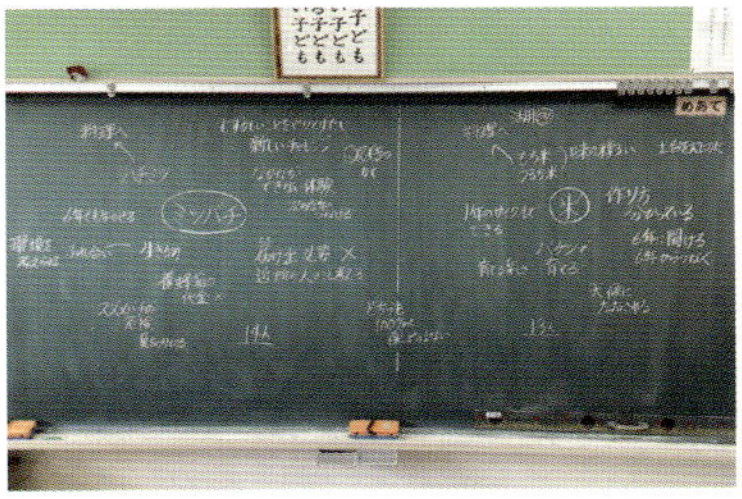

総合学習でミツバチとお米のどちらにするかを決めたときの板書。

子どもたちとミツバチとの最初の出会いは、髙橋さんが持って来てくださった観察箱でした。「巣枠ってこうなってるんだよ」「蜜が入っているとこれくらい重いんだよ」という話に、子どもたちはくぎ付け。箱に耳を当て中の音を聞こうとする子さえいたほどです。興味津々な様子を見てこれなら大丈夫！と確信しました。6月の赤坂TBSでの養蜂スペース見学、7月には髙橋さんのミツバチが集めた蜜枠で採蜜をしました。今まで味わったことのない楽しさが、グッと子どもたちに入っていくのがわかりました。

班ごとでプロジェクトとして何をするといいかを話し合い、1班2班7班の合同会議も行って意見を出し合いました。

夏から秋にかけて、子どもたちはいくつかのグループに分かれて作業をしました。

①【蜜源を探すグループ】花に詳しい区のボランティアの方々と一緒に、学校の近辺を調べました。

作業分けもみんなで話し合いました。

7月1日の採蜜時、髙橋さんの観察箱に見入る子どもたち。

ハチミツがずっしり詰まった巣板の重さを実体験。

ミツバチのクイズを出して全校生徒に参加してもらいました。

②【養蜂を告知するグループ】ポスターや手紙を近隣1軒1軒に配って趣旨を説明し、ご理解とご協力をお願いしました。

③【動画制作グループ】校内にミツバチプロジェクトをお知らせし、「ミツバチはこんなだよー」「ミツバチこわくないよー」と伝えるための動画を作りました。

④【巣箱作成グループ】絵を描いたり、何色にするか決めたりして最後は柿渋を塗りました。

⑤【記録係グループ】内検のときの写真や動画、採蜜の様子などを記録に残しました。

それぞれの思いで、子どもたちはミツバチを迎える準備をしていきました。

実際にミツバチを飼い始めた年明けの1月は、梅の花が咲き始めた時期でした。ミツバチの気持ちになって花を基準に見ていこうと、週1回の内検がスタートしました。土曜日でしたので塾に通う子もおり、どうなるかなと思っていましたが、来られない子がいると「じゃ、あたしがやるよー」と手を挙げてくれる子も出て、クラスのまとまりが感じられました。また、内検には興味を持たれた保護者のみなさんや校長先生、副校長先生も来てくださいましたし、うれしいことに他のクラスの生徒さんの参加もありました。

内検するときも、子どもたちは緊張していませんでした。巣枠の持ち方などぎこちないのですが、ミツバチのほうも気にしている様子はありません。お互いに自然体のようでした。内検は4月まで続き、5月に待ちに待った採蜜となりました。ちょっとした残りもみんなですくって味見して、「1回目と違うね」との感想には驚きました。そして最後の1滴まで採ろうとカウントダウンをして、にぎやかに終了しました。

子どもたちは養蜂という初めての体験で、「俺たちやったんだぞ！」「やりとげたんだぞ！」みたいな自信というか達成感のようなものが一人ひとりに生まれていました。もちろんハチミツがおいしかったこともありますが、ミツバチを育てるのにはクラスのみんなで力を合わせなければならなかったですし、そうする気持ちにさせてくれたのはミツバチが本当に可愛かったからです。最初はこわがる子もいましたが、最後はこわいという子は一人もいませんでした。こわさが楽しさに変わる過程、それは興味だと思います。子どもたちをワクワクさせ、好奇心で満たしてくれる体験がミツバチの世界にありました。

私も楽しみました！（左下）

ミツバチエピソード⑤
蜜源探しの集合場所になぜかミツバチも来ていて、いっしょに花を探してまわりました。ときには脚に花粉をつけて花の上でポーズを取るなど、シャッターチャンスもくれたのにはビックリ！

Kさんのお礼状。

高橋先生へ
これまで約1年ほど、みつばちを育てることを手伝っていただいてありがとうございます。これからの人生で蜂を育てると言う経験は、そうないので小学校生活一番の宝だと思います。
最高の宝物をありがとうございます。
[redacted] より

Iさんのお礼状。

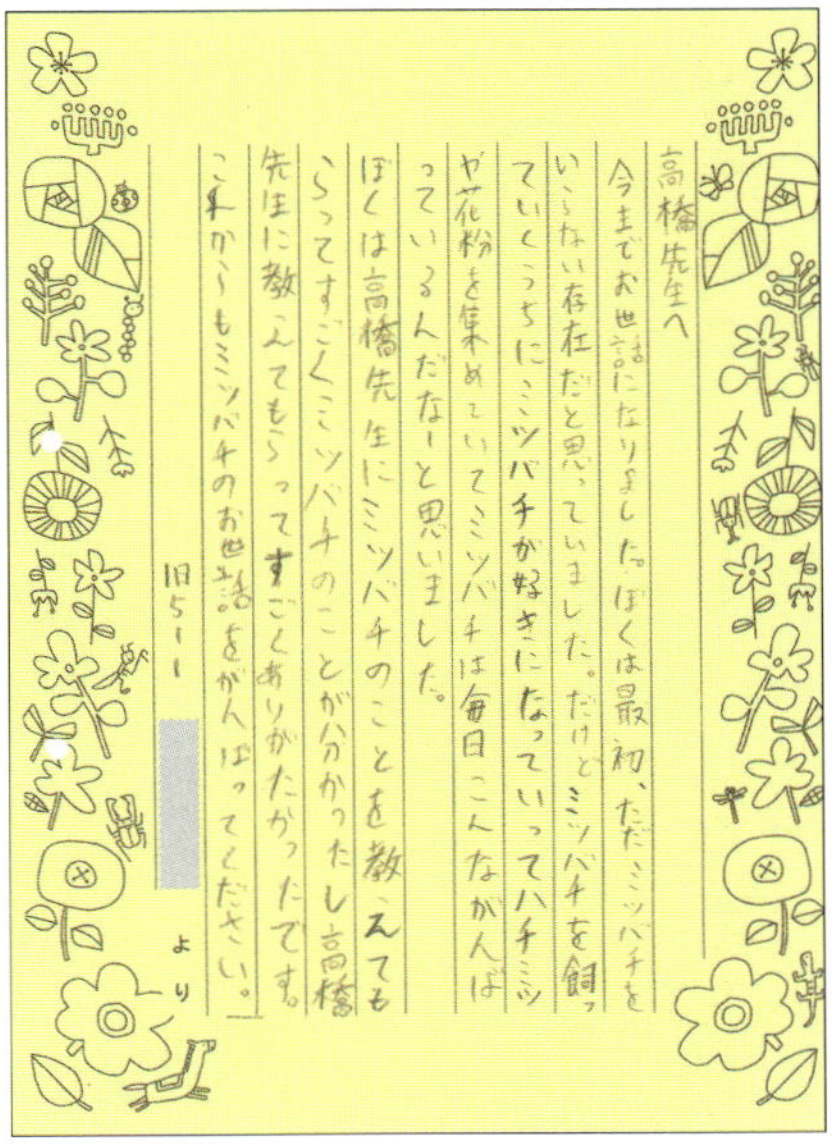
高橋先生へ
今までお世話になりました。ぼくは最初、ただミツバチをいらない存在だと思っていました。だけどミツバチを飼っていくうちにミツバチが好きになっていってハチミツや花粉を集めていてミツバチは毎日こんなかんばっているんだなーと思いました。

ぼくは高橋先生にミツバチのことを教えてもらってすごくミツバチのことが分かったし高橋先生に教えてもらってすごくありがたかったです。

これからもミツバチのお世話をがんばってください。

旧5-1 [redacted] より

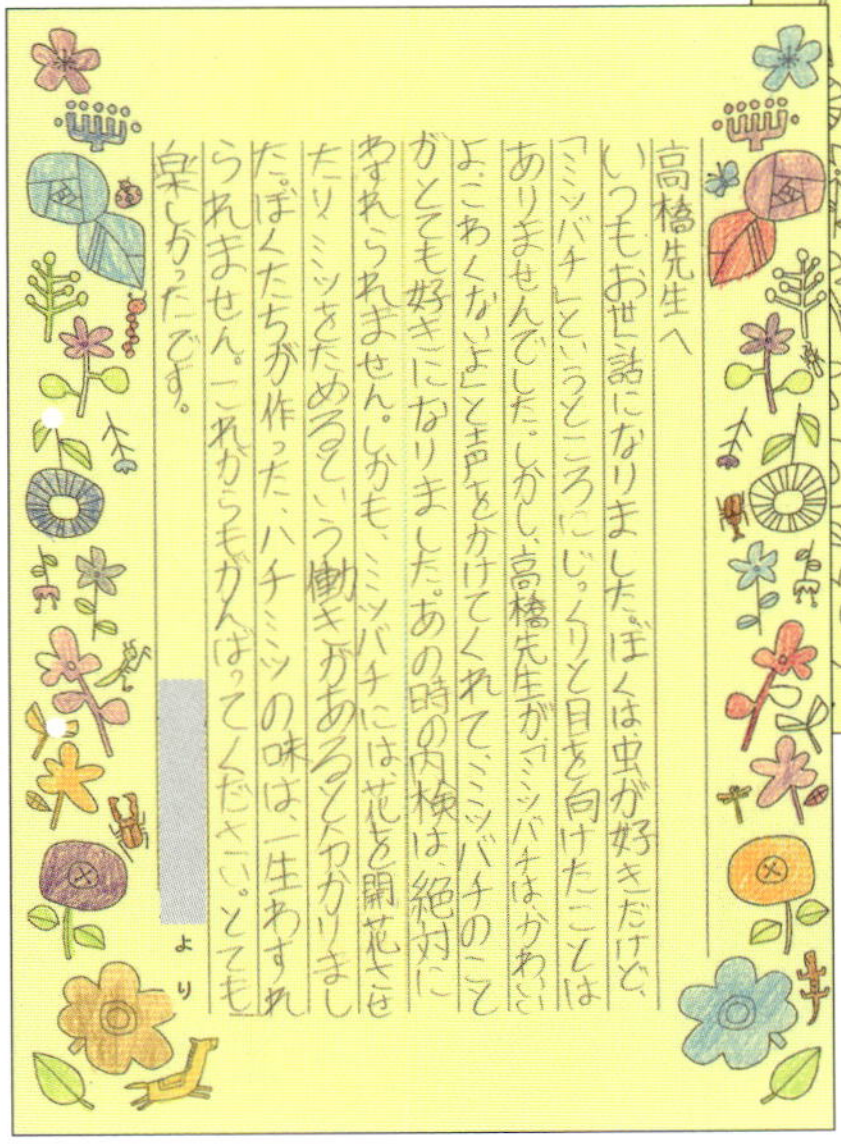
高橋先生へ
いつもお世話になりました。ぼくは虫が好きだけど、「ミツバチ」というところにじっくりと目を向けたことはありませんでした。しかし、高橋先生が「ミツバチはかわいよ。こわくないよ」と声をかけてくれてミツバチのことがとても好きになりました。あの時の内検は、絶対にわすれられません。しかも、ミツバチには、花を開花させたり、ミツをためるという働きがあるとわかりました。ぼくたちが作った、ハチミツの味は、一生わすれられません。これからもがんばってください。とても楽しかったです。
[redacted] より

Kさんのお礼状。

自分たちのハチミツで焼いたパンケーキにピースサイン。

髙橋和子さんへのお礼状

ミツバチプロジェクトが終わった後、ミツバチを飼ってみての感想と髙橋さんへの感謝のお礼状が渡されました。

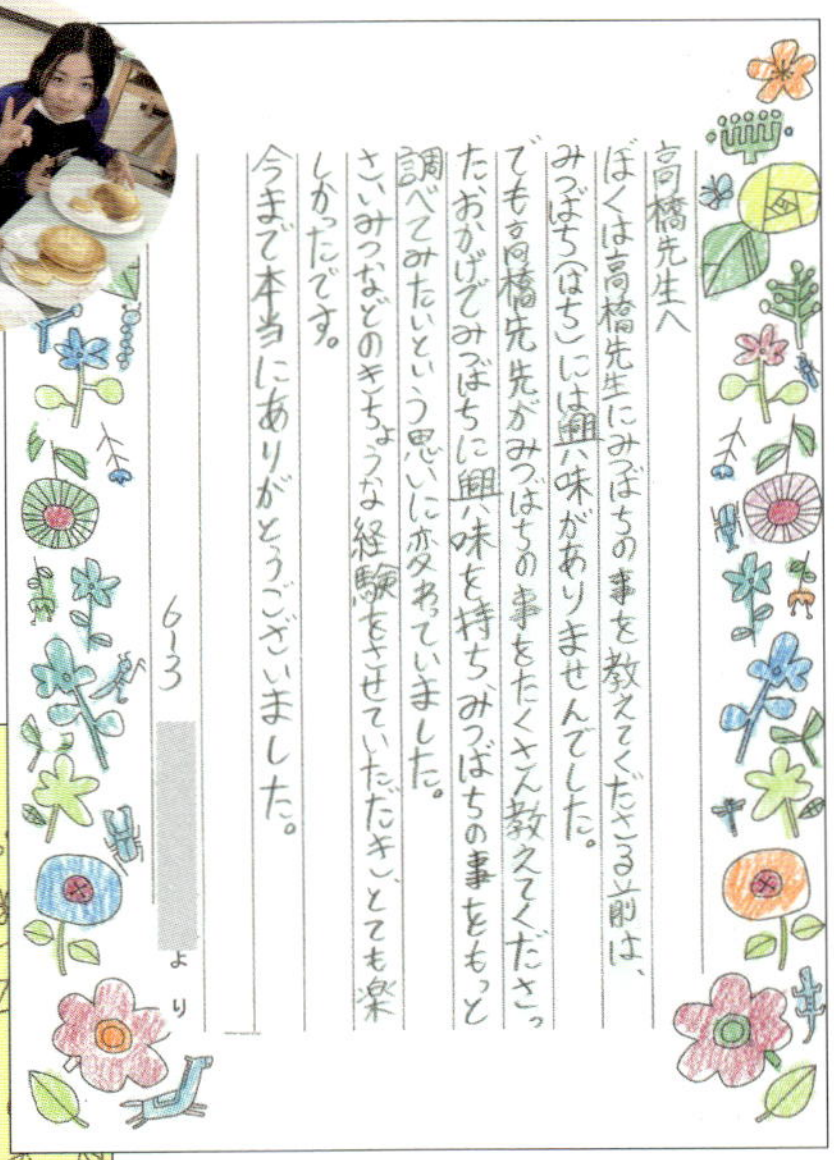
高橋先生へ
ぼくは高橋先生にみつばちの事を教えてくださる前は、みつばち(はち)には興味がありませんでした。

でも高橋先生がみつばちの事をたくさん教えてくださったおかげでみつばちに興味を持ち、みつばちの事をもっと調べてみたいという思いに変わっていました。

さいみつなどのきちょうな経験をさせていただき、とても楽しかったです。

今まで本当にありがとうございました。

6-3 [redacted] より

Mさんのお礼状。

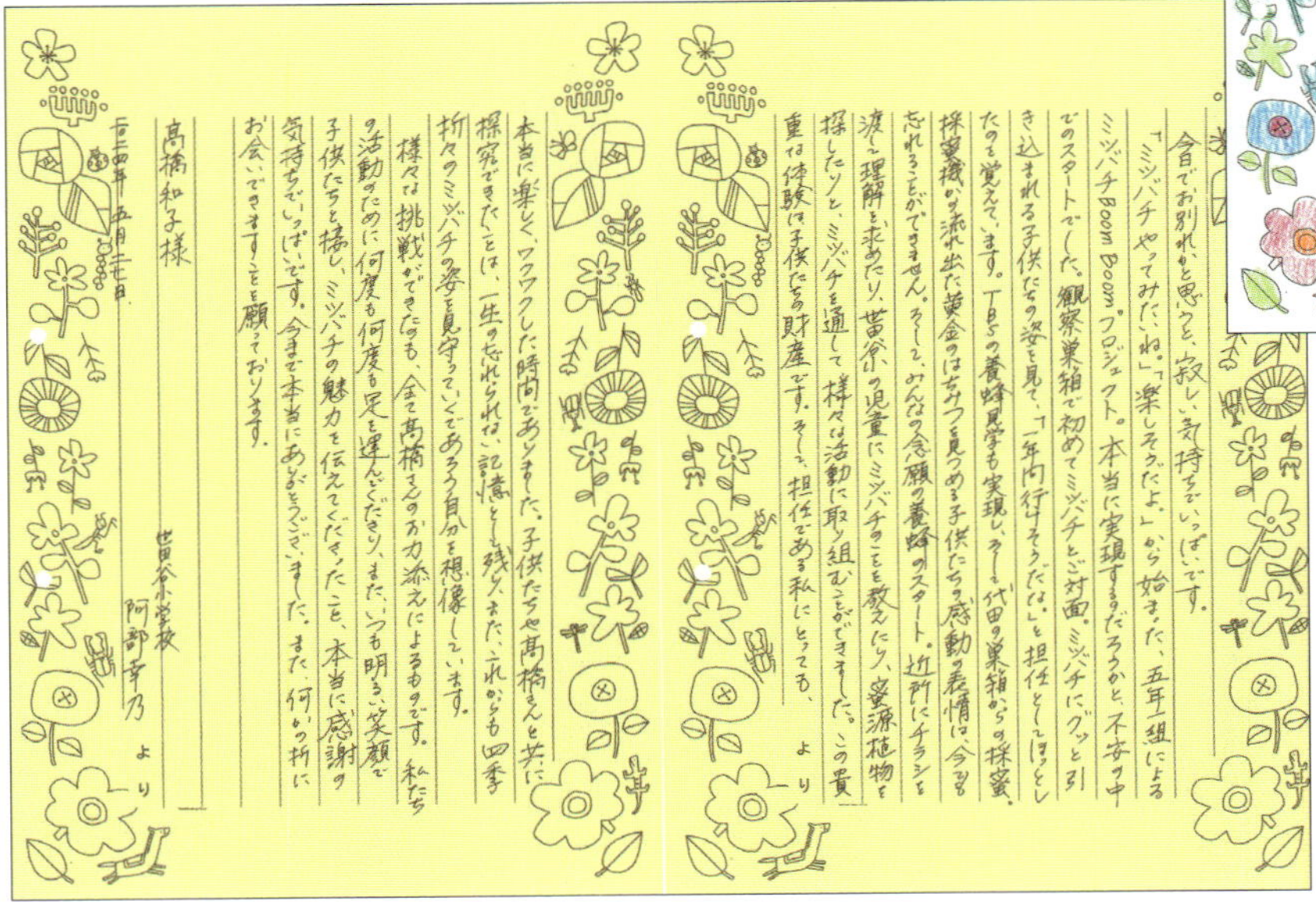
今日でお別れかと思うと、寂しい気持ちでいっぱいです。
「ミツバチやってみたいね。」「楽しそうだよ。」から始まった、五年一組によるミツバチBoom Boom Boomプロジェクト。本当に実現するのだろうかと、不安の中でのスタートでした。観察巣箱で初めてミツバチとご対面。ミツバチにグッと引き込まれる子供たちの姿を見て、「一年間行けそうだな。」と担任としてほっとしたのを覚えています。TBSの養蜂見学も実現し、そして代田の巣箱からの採蜜。採蜜機から流れ出た黄金のはちみつを見つめる子供たちの感動の表情は、今でも忘れることができません。そして、みんなの念願の養蜂のスタート。近所にチラシを渡して理解を求めたり、世田谷の児童にミツバチのことを教えたり、蜜源植物を探したりと、ミツバチを通して様々な活動に取り組むことができました。この貴重な体験は子供たちの財産です。そして、担任である私にとっても、本当に楽しく、ワクワクした時間でありました。子供たちや髙橋さんと共に探究できたことは、一生の忘れられない記憶として残り、また、これからも四季折々のミツバチの姿を見守っていくであろう自分を想像しています。
様々な挑戦ができたのも、全て髙橋さんのお力添えによるものです。私たちの活動のために何度も何度も足を運んでくださり、また、いつも明るい笑顔で子供たちと接し、ミツバチの魅力を伝えてくださったこと、本当に感謝の気持ちでいっぱいです。今まで本当にありがとうございました。また、何かの折にお会いできますことを願っております。
令和四年五月二十七日
世田谷小学校
阿部幸乃 より
髙橋和子様

阿部幸乃先生のお礼状。

石けん作りは半年たっても固まらず…、残念！

Part 7

AI、センサー、ネットワークカメラでスマート化

都市の屋上で楽しみながら養蜂を学ぶ

国立大学法人電気通信大学 教授
佐藤証

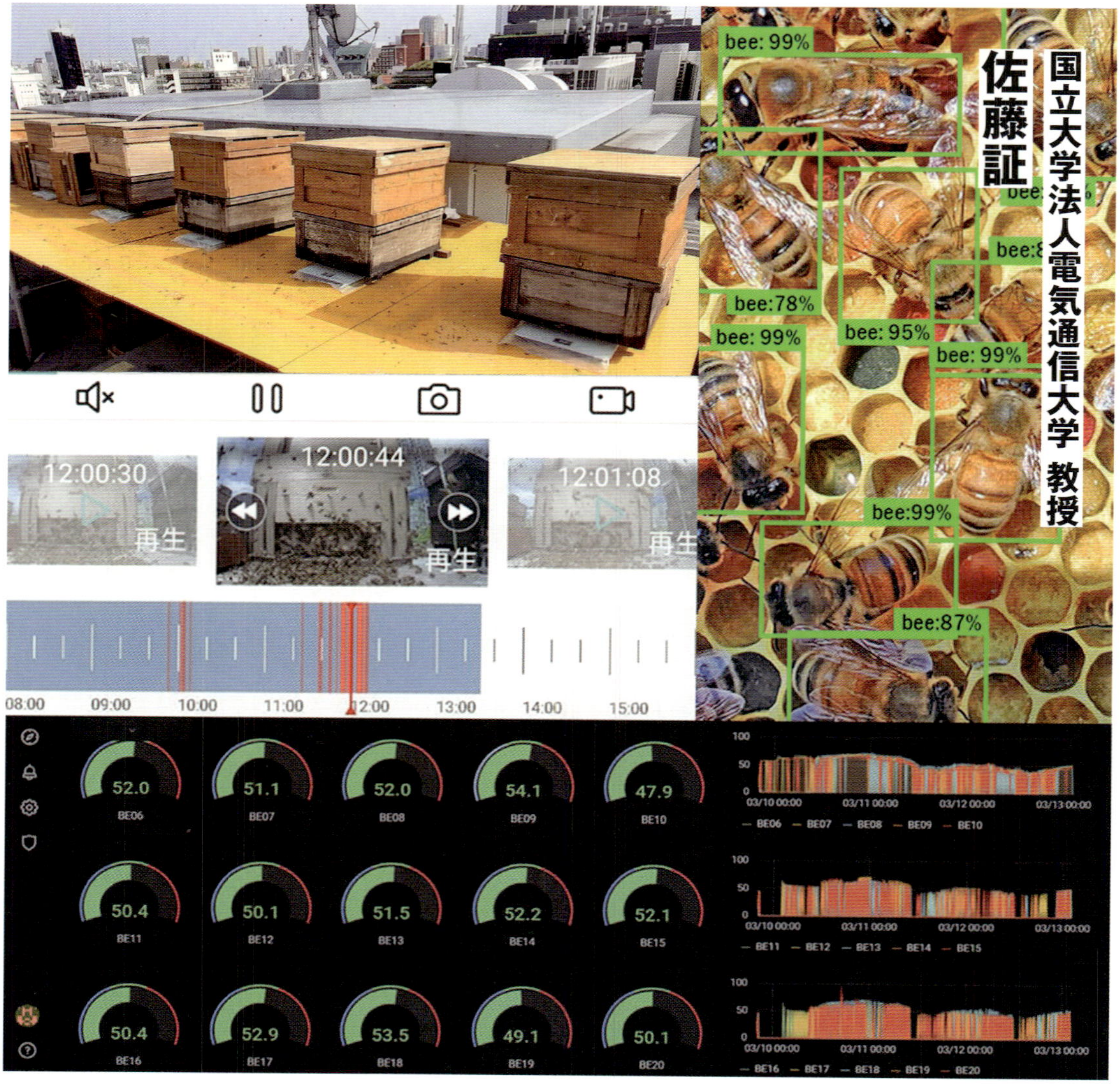

左上から時計回りに、重量センサーを下に設置した巣箱。AIによるミツバチの検出。センサーデータの可視化、ネットワークカメラの動体検知。

写真・データ提供（76～83ページ）：佐藤証

スマート農業からスマート養蜂へ

植物工場の本格的な導入は、東日本大震災後の農業復興として進みました。LED照明や空調、そして液肥がコンピュータ制御された最先端の施設での栽培をイメージする人も多いと思います。植物工場は、第二次世界大戦の翌年、マッカーサー元帥が降り立った厚木飛行場の隣に誕生しました。そこからほど近い電気通信大学に赴任した2013年、私は専門の電子工学を活用した個人向けの小型水耕栽培装置の開発を始めました。

多くの企業が生産を目的とした大規模植物工場を地方で展開するのに対して、都市のビルの屋上を利用し、楽しみながら学ぶ農業の研究を行っています。都心で屋上庭園や菜園を運営する商業施設もありますが、土は重い上に飛散防止や防根等の対策も必要となります。それに対し、軽量小型の水耕栽培装置はどこでも簡単に設置でき、コンクリートの屋上を緑のスペースに変えることができます。また害虫の発生も少なく無農薬栽培が可能なため、これまで小学校や病院などにも導入してきました。

そんな都市の屋上にもどこからともなくミツバチがやってきて、花から花へ忙しく飛び回っていました。そのとき、受粉に不可欠なミツバチを増やすために、センサー技術を使った屋上スマート養蜂を一緒にできないかと考えました。ミツバチは今ではテレビのゴールデンタイムでも放送されるほどの人気ですが、私がスマート養蜂を思い立ったころに知識が得られるのは図書館しかありませんでした。研究論文もハチの生態に関するものは多いものの、養蜂のスマート化は皆無

大学屋上の水耕栽培施設。

小学校の屋上で栽培した野菜の収穫。

1

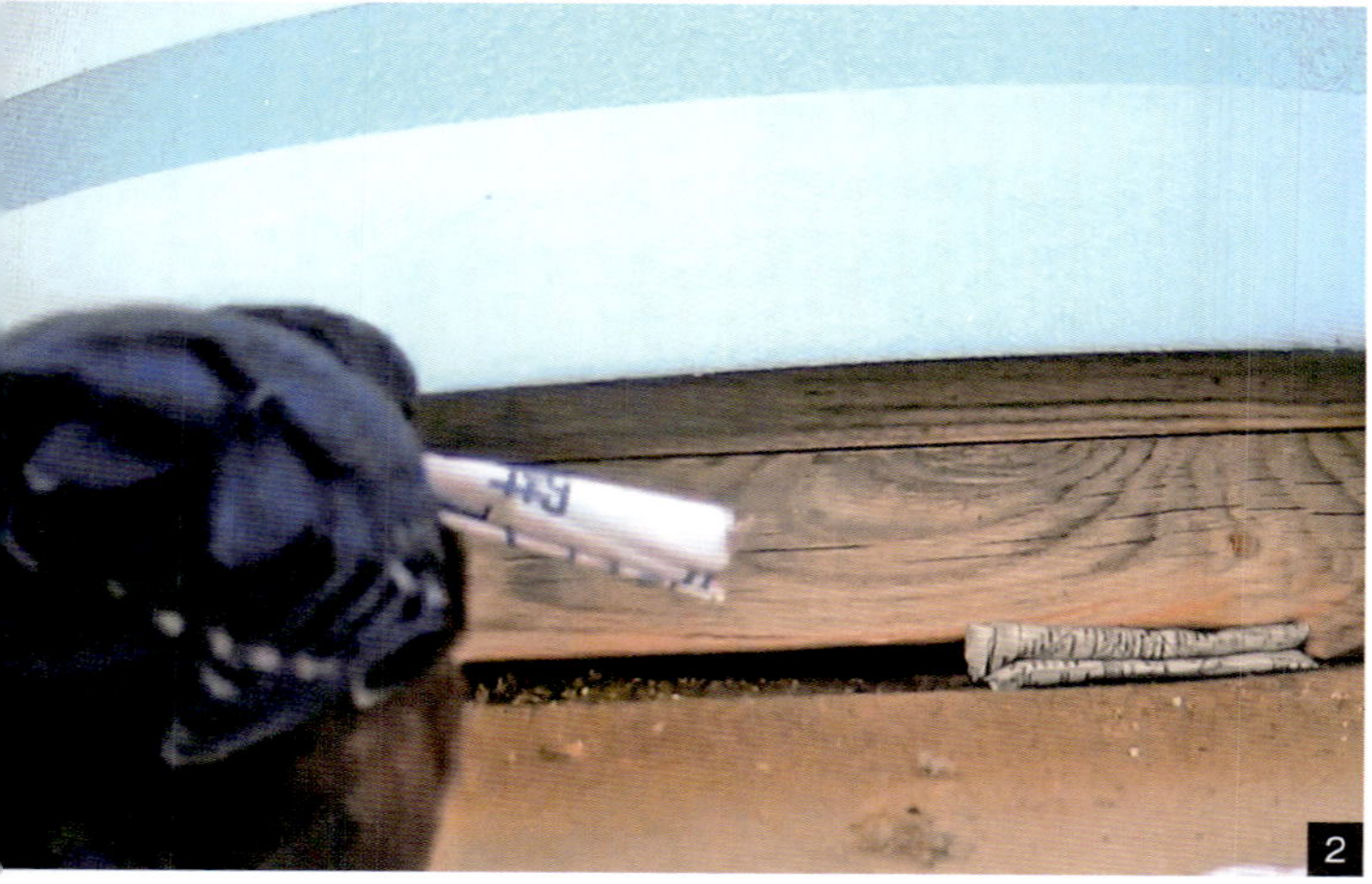
2

で、どこから手を付ければよいかわかりませんでした。そんなとき、港区の農業シンポジウムで知り合った博報堂の方から、赤坂みつばちあをご紹介いただき、２０１６年の秋からお邪魔するようになりました。

初めは養蜂の右も左もわからない私でしたが、赤坂みつばちあの皆さんもコンピュータが役に立つのか半信半疑だったと思います。最初に行ったのがスマホでミツバチをリアルタイムに観察できるカメラの設置です。私は研究目的でしたが、皆さんはペットの見守り感覚で楽しまれていました。普段は現地で内検作業を行う午前にしか様子を見れませんが、カメラなら24時間どこからでも観察が可能です。また内検作業に都合がつかなくても、スマホの映像を見ながら現地参加している気分になれます。小学校への出前の「ミツバチ教室」では、子供達はミツバチのライブ映像を興味深く観ていました。

カメラは様々な出来事を記録していました。天敵のスズメバチへの対抗手段として集団で包み込む熱殺蜂球《ねっさつほうきゅう》は、ニホンミツバチの専売特許と思われていますが、セイヨウミツバチもスズメバチに一気に群がって戦います。イソヒヨドリがミツバチを食べるために、寒さ対策として巣門に詰めていた新聞紙を取り除いていることもありました。巣箱前面に下向きにとまった多数のミツバチが夜も休みなく、ひたすら上下運動を数日間繰り返す不思議な光景に出会うことがあります。これは〝かんな掛け〟とも呼ばれる行動で、巣箱の内側でも行われている清掃作業と考えられています。女王バチは交尾と分蜂以外では巣箱の外に出ないはずですが、夜に徘徊していることもありました。

カメラは非常に多くの情報を伝えてくれますが、それを見て判断するのはあくまで人です。そこでスマート養蜂の実現

❶スズメバチに襲い掛かるミツバチ。❷新聞紙を取り除くイソヒヨドリ。❸かんな掛けをするミツバチ。❹夜中に徘徊する女王バチ。

には、コンピュータを用いたＡＩやＩｏＴ技術が重要となります。ＩｏＴは物のインターネット（Internet of Things）を意味し、電子機器同士がネットワークでつながり、様々なサービスを提供する技術のことです。それらの機器には、高性能化と小型化が飛躍的に進んだ数～十数ミリメートル角のマイクロコンピュータ（マイコン）が内蔵されています。

１９６８年に開業した霞が関ビルの耐震計算は、巨大な真空管のコンピュータで８カ月を要しました。それが今では、数百円のマイコンで１秒もかかりません。平成元年の米国への国際電話は、日中の３分で１２４０円でした。現在は携帯電話の格安プランが月々千円から、データ通信だけならば５００円以下から提供され、インターネットを通じて世界中につながることができます。

このようなＩｏＴ技術の登場は、農家さんの勘と経験が頼りであった農業に革新をもたらしました。作物の生育状態や環境をセンサーでデータ化し、水・肥料・温度・光・二酸化炭素などを管理・制御することで、品質と生産性が向上します。しかし農業と密接に関わり、やはり勘と経験が重要な養蜂のＩｏＴ化は全く進んでいません。それは国産ハチミツのシェア５％が示すように、国内の養蜂業の規模が小さく、また農業と同様に養蜂家の高齢化が大きな要因であると思います。しかしその一方で、環境意識の高まりとともに、赤坂みつばちあのような地域ボランティア活動や個人の趣味としての養蜂が広がりつつあります。そこから新しい技術にチャレンジする若い養蜂家が生まれることが期待されます。

スマート養蜂の実際

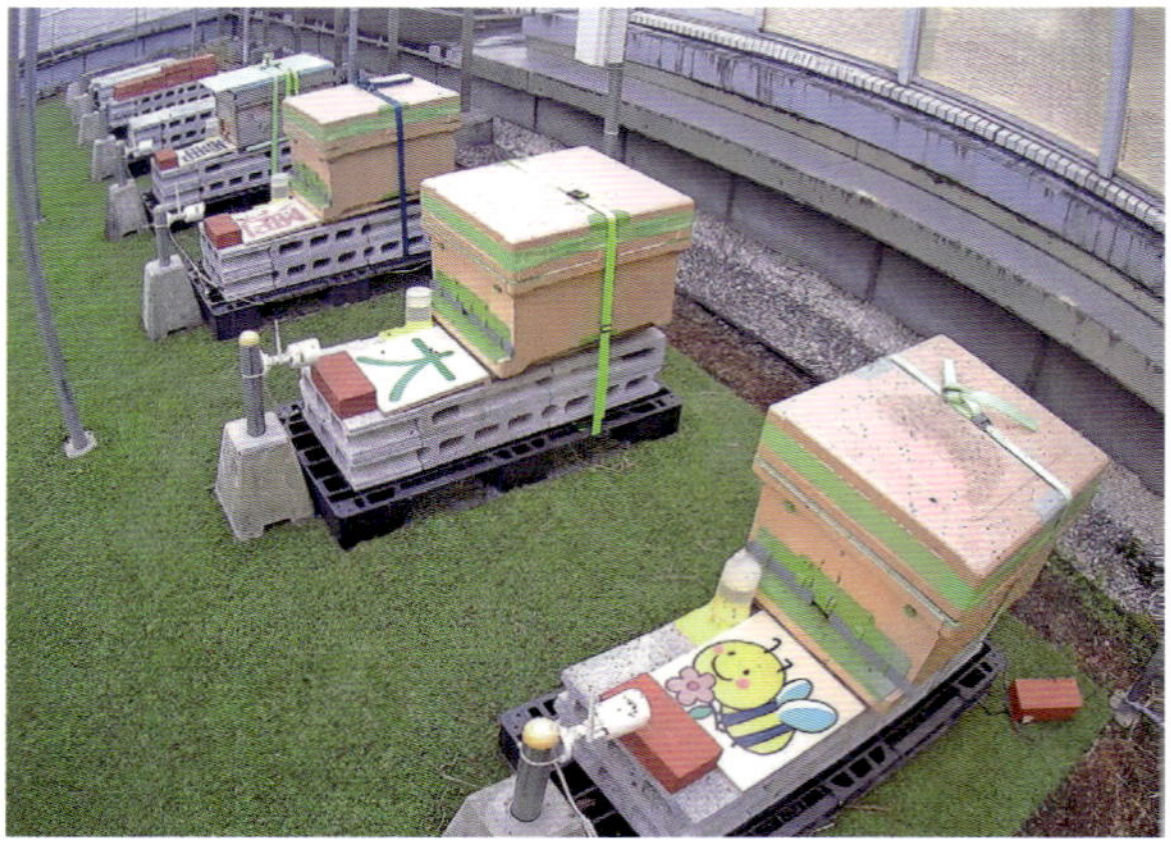

大学屋上の養蜂施設。

赤坂みつばちあで学んだ知識と経験を基に、大学屋上でもスマート養蜂を２０２３年の秋から始めました。そこで実践しているスマート養蜂の技術について具体的に説明します。

ミツバチの状態を遠隔で把握するには目に見えるカメラ映像だけでなく、目に見えない重量と温湿度の測定が欠かせません。そこでＷｉ－Ｆｉ機能を有した自作のセンサーモジュールを市販の電池ボックスと体重計に組み込み、それらを巣箱に設置しました。製作費はいずれも４千円程度でした。

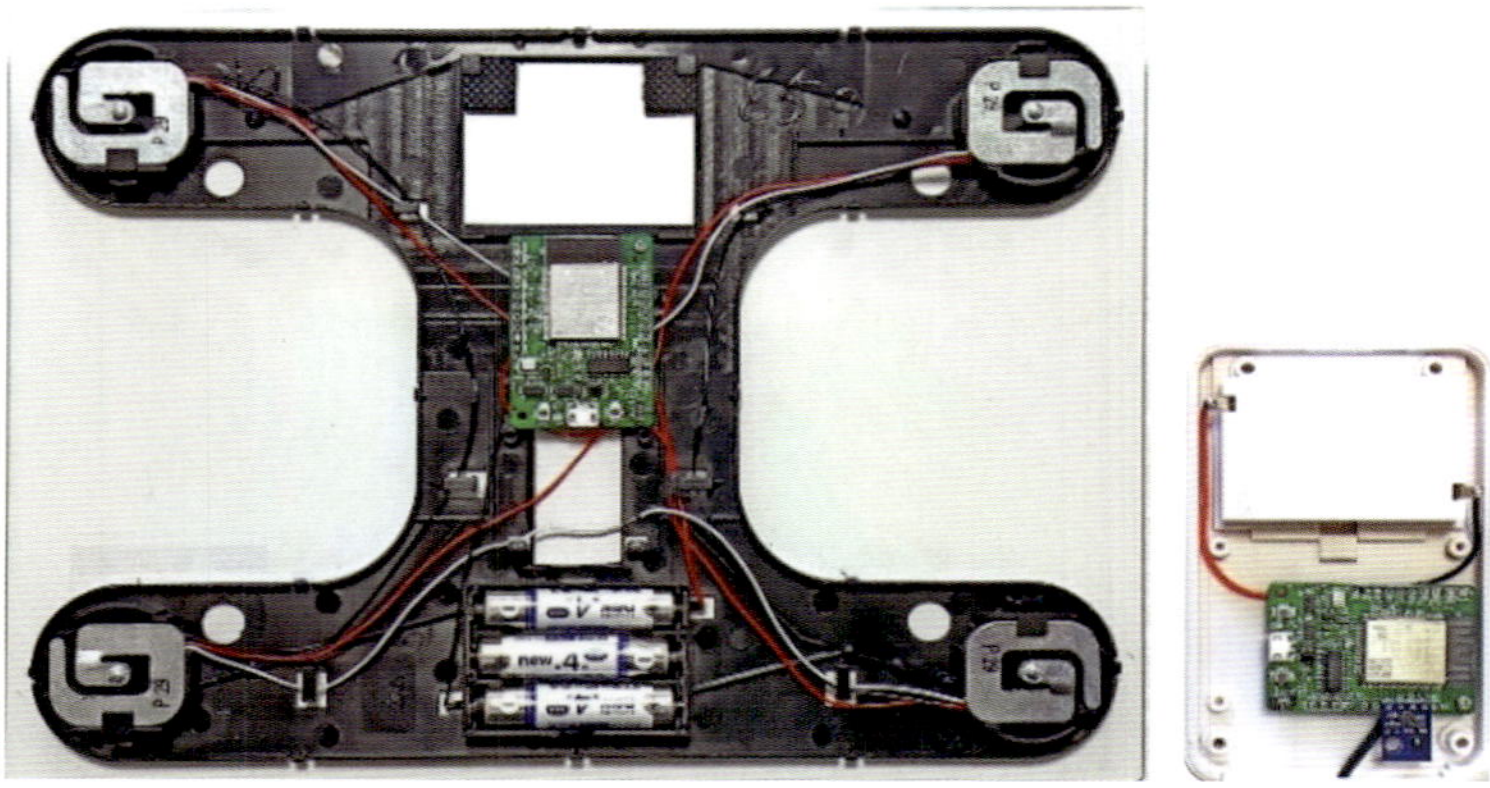

体重計に組み込んだ重量センサー（左）、
電池ボックスに組み込んだ温湿度センサー（右）。

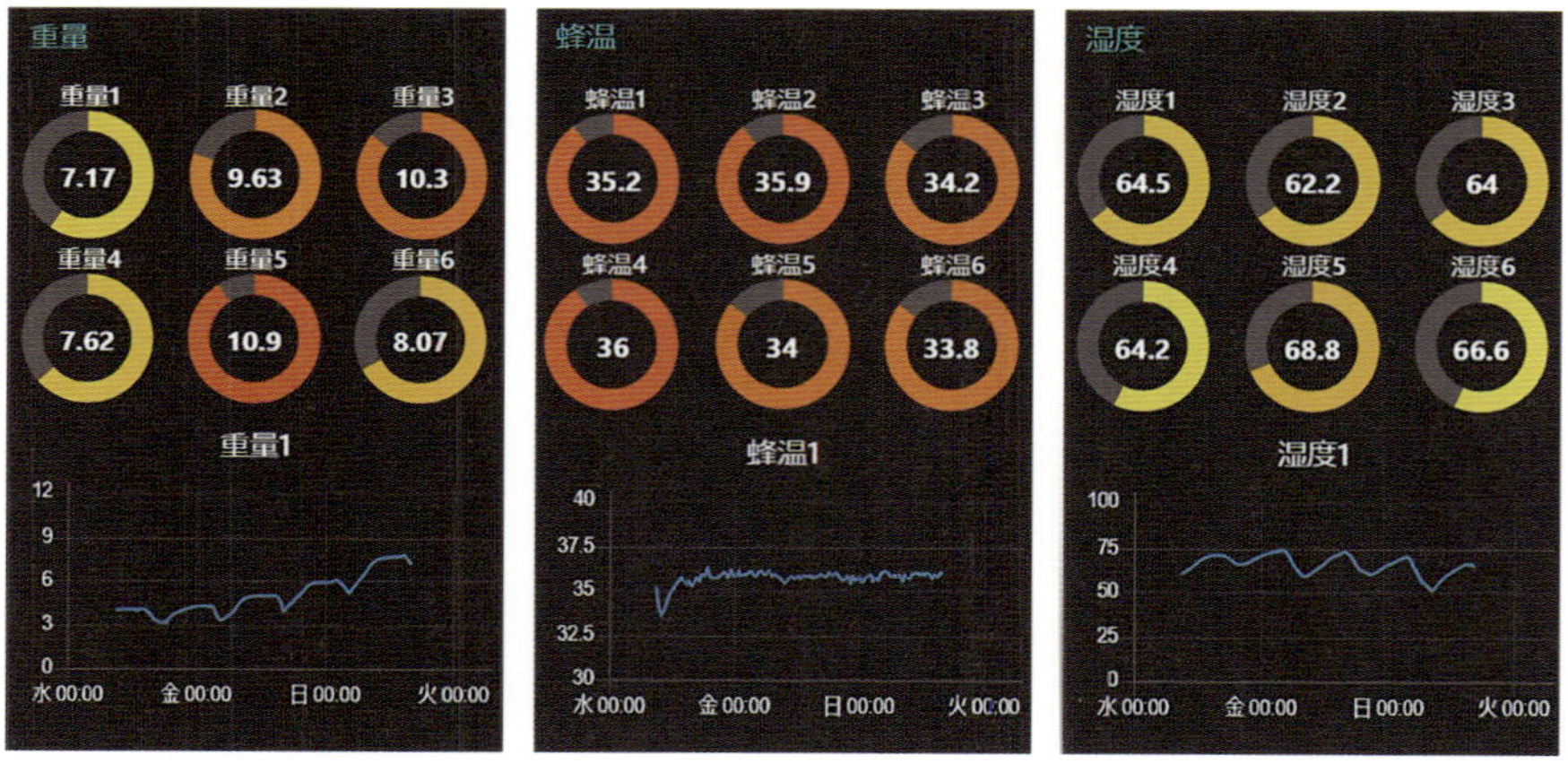

重量（左）、温度（中）、湿度（右）、の各センサーデータ。

春には群が大きくなり、日に日に蜜が溜まっていく様子が重量のグラフからわかり、いつ採蜜しようかとワクワクしながら天気予報を眺めています。またミツバチは昆虫でありながら、寒い日は巣箱の中で身を寄せ合い、暑い日は巣門前から羽で中に風を送ることで、恒温動物のように35℃前後を維持していることに驚きます。春先に重量が上がらなかったり、蜜源の少ないときに下がり始めたら注意が必要です。またハチが減っていたり、数に対して巣枠を入れすぎていると密度が下がって温度は大きく上下します。湿度は天気によって比較的大きく振れますが、雨が入り込むと80％以上になることもあり、高い場合には注意が必要です。

養蜂の大きなトラブルの一つは、新しい女王が生まれるときに、旧女王が半分のハチと引っ越していく〝分蜂〟です。このときのセンサーデータを見ると、騒ぎ出したハチたちによって温度が急激に上昇し、巣箱を出ていったハチの分だけ重量が下がっています。朝にハチが採蜜のため飛び立つときにも軽くなりますが、分蜂のように短時間での急激な変化はありません。なお分蜂後は、ハチが減るため温度は下がります。

このような変化をセンサーが検知すると、スマホにメッセージを送信するシステムも構築しています。ミツバチは分蜂前に新居を決めておらず、元の巣箱の近くの木の上などに集まって引っ越し先を探索します。そして、数千～数万匹が全会一致してから新居に向けて飛び立つのですが、これには数時間から一日以上かかることもあります。屋上養蜂では周りに高い木はないので、壁やエアコンの室外機などにとまっていることがあり、分蜂を検知してから捕獲に向かっても遅くありません。

分蜂のようにハチが激しく飛び回る場合は、カメラ映像の動体検知も有効です。具体的にはまず、連続する二枚の映像の差を求め、輝度変化の大きいところを動体と判断します。実際の映像には細かいノイズが入るため、それをデジタルフィルタで除去したり、動体と判断する変化量の閾値を調整します。

分蜂の様子。

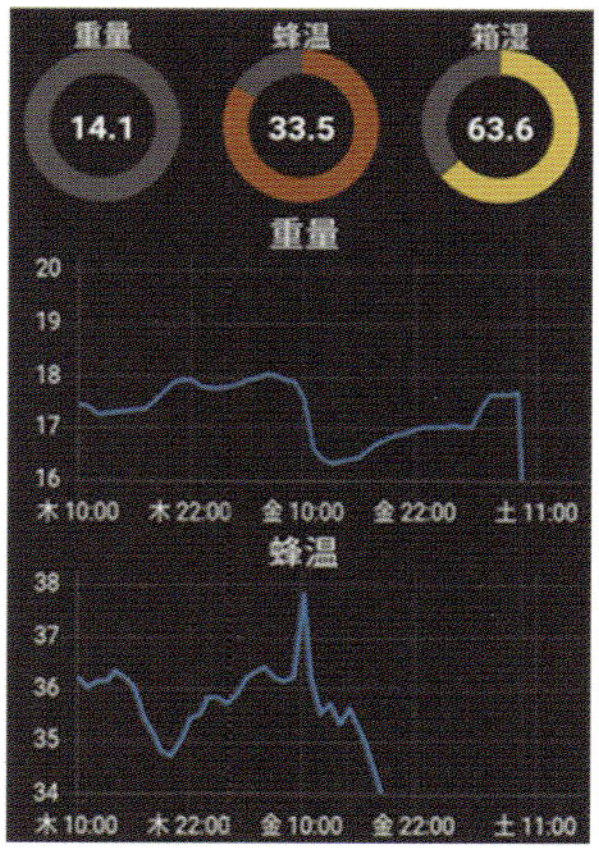

分蜂時のセンサーデータ。

ＡＩでもミツバチの検出は可能です。しかし小さなハチが激しく動き回る映像は、動体がブレて不鮮明になることで誤検出が生じやすくなります。また多くのハチを検出しようとすると、その演算量がマイコンの処理能力を超えてしまうこともあります。

一方で、数匹で偵察にやってくる大きなスズメバチの検出・通知にＡＩは有用です。退治は人がしなくてはなりませんが早期の対処で、スズメバチが大群を引き連れて巣箱を乗っ取りに来るのを防ぐことができます。赤坂みつばちあでも、一時移転先の竹林でスズメバチの襲来を察知して、みんなで助けに行ったことがありました。

ミツバチの鳴き声には、女王バチが発するクイーン・パイピングや、働きバチのワーカー・パイピングが知られています。音声からも情報を得るためにセンサーモジュールにはマイクも実装しており、今後活用を検討しています。

分蜂時の動体検知。

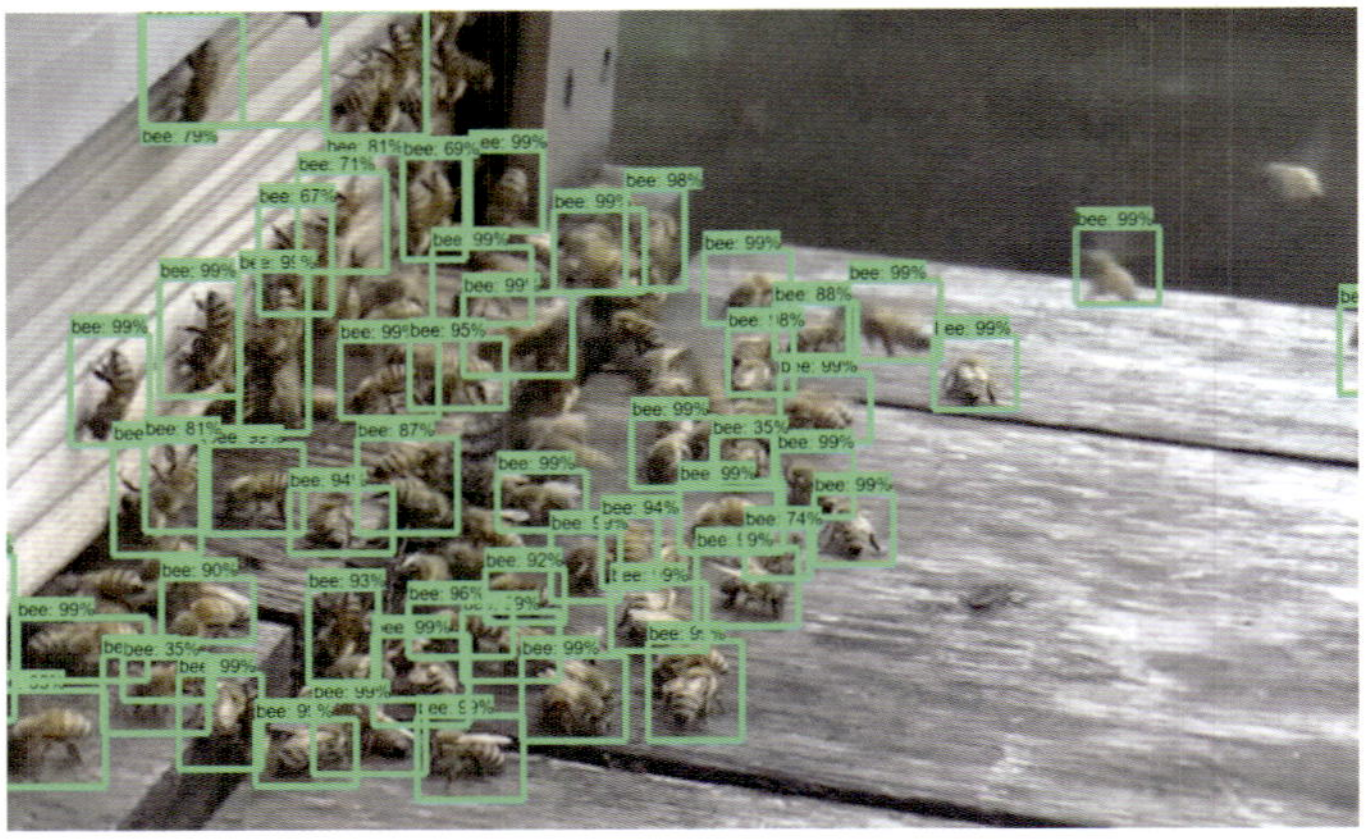
AI によるミツバチの検出。

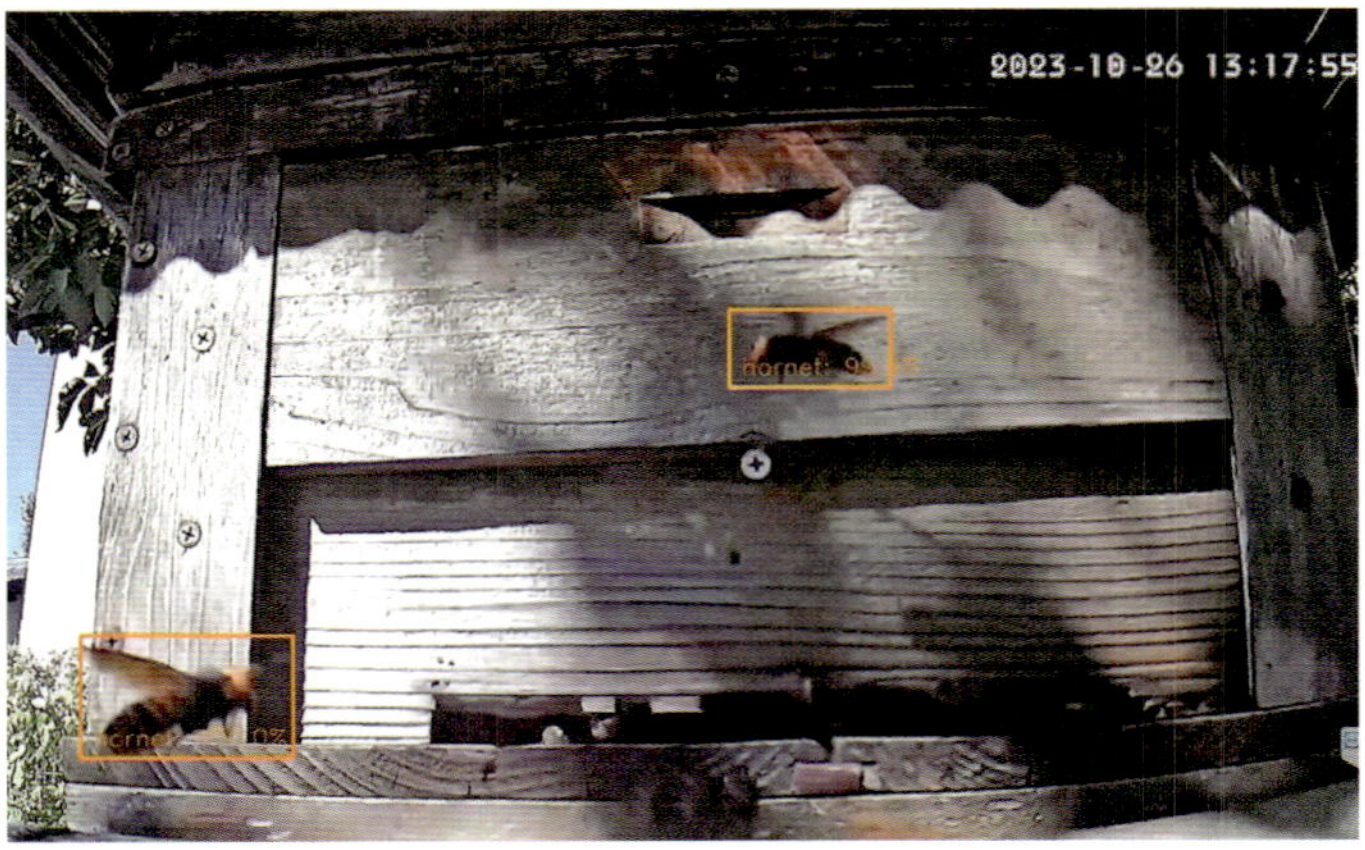

AI によるスズメバチの検出。

スマート養蜂の普及に向けて

赤坂みつばちあでは養蜂作業だけでなく、ミツバチ教室の開催や環境イベントへの出展、そして赤坂の飲食店の春のはちみつフェアへの協力など、地域活動も積極的に行っていました。

大学でも、近隣の小学校での授業や図書館での講演、オープンキャンパスでの採蜜会、ハチミツを使ったお菓子の販売等を行っています。都市養蜂は子供と大人が一緒に環境について学ぶことができ、またAI・IoT技術の導入により新しい発見と驚きが生まれます。様々な機会を通じて、このようなスマート養蜂の普及に一層力を入れていきたいと思います。

小学校での採蜜。

ハチミツを使ったお菓子。

Profile

国立大学法人電気通信大学
教授
佐藤証

1989年 日本アイ・ビー・エム（株）東京基礎研究所入所。高性能VLSI回路技術の研究開発 に従事。
2007年（独）産業技術総合研究所入所。ICカード等の暗号デバイスの安全性評価手法の国際標準化に従事。
2013年 国立大学法人電気通信大学赴任。スマート都市農業・都市養蜂・畜産業の研究に従事。現在に至る。

スマート農業について
もっと知りたい方は
こちらへ。

スマート養蜂について
もっと知りたい方は
こちらへ。

Part 8

ミツバチサミット

小学生から養蜂専門家まで
ミツバチ研究が一堂に！
最新の情報が飛び交う

2023年の会場ロビーに設置されたフォトスポット。

画像提供：ミツバチサミット実行委員会

身の回りにはたくさんの昆虫がいます。ミツバチもその中の1種です。おいしいハチミツを作るだけでなく、農作物や野生の草花の受粉を助けて多くの実りを与え、私たちの暮らしを豊かなものにしてくれています。人との関わりは数千年も前からあるのに、その貢献はあまり知られていません。ミツバチサミットは小学生の研究発表から、研究者、養蜂専門家、学生の部活動、同好会に至るまで、「ミツバチが好き!」な人たちをつなぎ、情報を交換する貴重な集いなのです。赤坂みつばちあも2017年と2019年のポスター発表に参加しました。

ミツバチサミットは、「ミツバチと関わるすべての人が、科学の元で未来を語る」をコンセプトに、任意団体「ミツバチサミット実行委員会」の主催で2017年に始まりました。ミツバチと関わるすべての人とは、セイヨウミツバチやニホンミツバチの養蜂家・愛好家をはじめ、ミツバチやマルハナバチの販売会社、ミツバチや野生送粉者の研究者、ハチミツ・ローヤルゼリー・ミツバチ用医薬品の販売会社、養蜂用品販売者、作物生産に送粉者を使用する農家、高校や大学の養蜂クラブ、市民団体、非営利組織、行政機関、教育関係者、医療関係者、シェフ、パティシエなど多岐にわたります。ミツバチや訪花性昆虫に関わるこのような人たちが一堂に会し、それぞれの活動や研究成果を紹介することで、ミツバチが直面している問題を共有し、その解決への道を提言することを目標としています。

ミツバチをはじめとする送粉者は、農作物や野生植物の受粉を助ける生態系サービスを提供するだけでなく、ハチミツなどの生産物を通して私たちの食・健康・医療にも多大な貢献をしています。また彼らの存在は、私たち人間の文化・伝統・歴史・教育においても重要な役割を果たしてきました。しかし近年、ミツバチや送粉者を取り巻く状況は急激に悪化し、世界的な減少が懸念されています。このような状況に対して国際的な取り組みも始まりつつあります。

サミットと聞くと、研究者や専門家が話し合う場という印象ですが、ミツバチサミットはミツバチに少しでも興味がある人なら誰でも気軽に参加できるイベントです。2023年に開かれた際もメイ

《これまでに開かれたミツバチサミット》

	開催日	会場
第１回	2017 年 11 月 11 日（土）～ 12 日（日）	筑波大学大学会館
第２回	2019 年 12 月 13 日（金）～ 15 日（日）	つくば国際会議場
第３回	2023 年 11 月 18 日（土）～ 20 日（月）	つくば国際会議場
第４回（予定）	2025 年 11 月 22 日（土）～ 24 日（月・祝）	つくば国際会議場

第４回のテーマは
「Well-BEEing！ よりよい社会をミツバチたちと一緒につくろう」

ミツバチサミット HP　https://bee-summit.jp
HP 内にミツバチサミットチャンネルの案内あり（YouTube）

ンホールで３日間にわたるテーマごとのシンポジウムやプロ向けの講習会に加えて、ハチミツのテースティングや新しいスタイルの養蜂、世界各地の珍しいハチミツを紹介するコーナーや子どもに楽しく知ってもらうキッズセミナー、養蜂に関する書籍や国内外のハチミツ、ミツバチ関連の雑貨の販売、映画の上映、ポスター発表、フォトコンテストと盛りだくさんの内容が用意されました。ぜひ話を聞きたいというセミナーや発表が多く、開催地であるつくば市のホテルに泊まり込んで３日間を堪能する参加者もいるほどです。

　なかでも元気いっぱいなのが「全国学生養蜂サミット」です。２０２３年には北は北海道から南は福岡まで、中学高等学校の養蜂部や生物部、園芸部、大学のゼミや同好会などが日ごろの成果を発表し合いました。質疑応答も時間が足りなくなるほど活発で、みなさんのミツバチへの熱い思いが伝わってきて、養蜂への明るい未来が見えるようです。

　ミツバチサミットは第１回目の２０１７年以降、２０１９年と２０２３年に開催され、次回は２０２５年に予定されています。どんな発表が繰り広げられるのか、とても楽しみです。

1

2

3

❶キッズセミナーには親子で楽しめるコーナーもある。❷マルシェでは思い思いのハチミツを求めて、多くの参加者が行き来する。❸洋菓子店のマスコット「原宿みっころ」と記念撮影する子どもたち。❹全国学生養蜂サミットでミツバチの気分になって登壇する生徒さん。❺企業展示には養蜂のための新しい器具や情報が集まる。❻世界中の珍しいハチミツもそろうマルシェ。味見もできる。❼ミツバチやハチミツ関連の本が勢ぞろい！ ❽サイエンスカフェでは身近で話が聞ける。❾ミツバチサミットのガイドブック。

シンポジウム４
「ミツバチをよりよく理解するための多角的モニタリング」

オーガナイザー：荻原 麻理

1. Honeybee × Technology　～先端技術がひも解くミツバチの世界～　ミツバチのブラックボックスに光を当てる　～新技術によるミツバチの謎解明に向けた多面的アプローチ～／荻原 麻理（農研機構）
2. BeeSensing と SoLoMoN Technology の AI で探る蜂群の健康状態／伊東 大輔（株式会社アドダイス）
3. DNA メタゲノム解析による蜜源植物へのトレーサビリティとその応用可能性／伊藤 俊介（バイオインサイト株式会社）
4. 羽ばたきアクティビティを捉えるミツバチカメラ／島崎 航平（広島大学）

シンポジウム５
「植物—送粉者相互作用網が拓く送粉研究の新展開」

オーガナイザー：永野 裕大

1. 草原再生過程における送粉生態系の回復ー送粉ネットワークに着目してー／平山 楽（神戸大学）
2. 島の貧弱な送粉者相と植物ー送粉者ネットワーク／平岩 将良（近畿大学）
3. 都市残存草地における送粉相互作用関係ー都市化は送粉ネットワークにどう影響するのか？ー／辻本 翔平（国立環境研究所）
4. エサだけでなく寝床も：ソバの送粉サービスを支える昆虫と野生植物の様々な関係／永野 裕大（東京大学）

シンポジウム６
「ミツバチ、ハナバチの寄生生物に関する最新情報」

オーガナイザー：光畑 雅宏

1. 養蜂をめぐる情勢と農林水産省の取組みについて／信戸 一利（農林水産省）
2. マルハナバチタマセンチュウによるマルハナバチ女王の移動分散抑制の証拠とその影響／石井 博（富山大学）
3. バロア症情報アップデート／中村 純（玉川大学）

シンポジウム７
「養蜂生産物の新規機能性とポテンシャル」

オーガナイザー：山國 徹

1. アルツハイマー病モデル動物の記憶障害に対するプロポリスとメマンチンの併用効果／稲垣 良、森口 茂樹（東北大学）
2. 認知症予防に対するプロポリスの有用性と社会実装／奥村 暢章（山田養蜂場）
3. ハチミツを加熱すると免疫賦活活性が出現する／牧野 利明（名古屋市立大学）
4. ビーポーレンの構成成分と機能性／熊澤 茂則（静岡県立大学）

（敬称略）

《第 3 回ミツバチサミット 2023》の概要

オープニングレクチャー
送粉者達が創るお花畑の景観／石井 博（富山大学 教授）

特別講演
The challenges of beekeeping in a changing world.
変革の時代に養蜂の挑戦が始まる
Jeff Pettis（アピモンディア会長）

特別講演で話す
Jeff Pettis 氏。

シンポジウム 1
「ゲノムデータ解析とゲノム編集で高性能ミツバチを作る」
オーガナイザー：横井 翔
1. ゲノム情報解析によるミツバチのダニ抵抗性遺伝子の探索／横井 翔（農研機構）
2. セイヨウミツバチのゲノム編集　ーよい性質をもつ系統の育種を目指してー／畠山 正統（農研機構）
3. ハチのオスとメスが決まるしくみ　ー性決定遺伝子の働きとその多様性の維持／野村 哲郎（京都産業大学）

シンポジウム 2
「関西ミツバチ大学～つくばで知ろう！学ぼう！関西のミツバチ研究：生理学から数学まで～」
オーガナイザー：渕側 太郎、宇賀神 篤
1. ミツバチのナビゲーション：方向を空から知るしくみ／佐倉 緑（神戸大学）
2. ミツバチの行動リズムと概日時計：体内時計のコントロール／渕側 太郎（大阪公立大学）
3. ハチの性決定機構：マルハナバチ雌雄モザイク個体からわかること／宇賀神 篤（JT 生命誌研究館）
4. ミツバチの巣作り：数理モデルによるアプローチ／鳴海孝之（山口大学・関西学院大学）

シンポジウム 3
「トウヨウミツバチをめぐる文化誌：セイヨウミツバチ・トウヨウミツバチ・ヒトとの『マルチスピーシーズ』な関係」
オーガナイザー：真貝 理香
1. 明治～昭和（戦前）のセイヨウミツバチ養蜂普及期におけるニホンミツバチ養蜂の実態 – 古文書・行政資料・養蜂雑誌から／真貝 理香（総合地球環境学研究所）
2. 江戸時代初期の藩政記録による養蜂の始まりー『細川小倉藩日帳』と『野中兼山関係文書』から／田村 嘉之（北九州市立大学）
3. 長野県伊那谷における伝統養蜂の多様な地域性およびその変容／甘 靖超（名古屋大学）
4. 長崎県対馬におけるサックブルード病の侵入に伴う伝統養蜂の変容／高田 陽（福岡大学）
5. ソロモン諸島でおこなわれているセイヨウミツバチ養蜂と野生化したトウヨウミツバチに関する最初の報告／竹川 大介（北九州市立大学）

発表する静岡雙葉高等学校の生徒さん。

□静岡　**静岡雙葉高等学校**
【クラブ名】剛ちゃんのミツバチ　【活動開始年】2023 年
静岡の市街地に多くある豊かな自然を活かして、学校の屋上で養蜂を行っている。より良い飼育ができるよう日々研究を重ね、採れた蜂蜜は学園祭で販売している。

□長野　**長野県富士見高等学校**　【クラブ名】養蜂部　【活動開始年】2010 年
山梨県との県境にある標高 967 mの日本一標高の高い高校。冷涼な気候で日照時間が長く、高原野菜や花卉、酪農など農業の盛んな地域で、趣味養蜂家も多く在籍している。ニホンミツバチを通して地域の方とつながり、活動を続けている。

□岐阜　**多治見西高等学校**　【クラブ名】多治見西ミツバチプロジェクト　【活動開始年】2016 年
毎夏 40℃を超える街でセイヨウミツバチを飼育し、メンバーはみんなで楽しく活動している。文化祭では蜂蜜を販売し、初絞り、アカシア、百花の食べ比べセットが大人気。賢いミツバチの生態も伝えている。

□愛知　**安城農林高等学校**　【クラブ名】プロジェクト Bee　【活動開始年】2017 年
本校で栽培しているキンリョウヘンを用いて、校内にニホンミツバチを生息させることを目的に養蜂を開始。活動の輪も広がり、近隣の愛好家との交流や産学民官の連携による商品開発などの地域貢献活動を計画しながら、保護活動も推進している。

□京都　**京都産業大学**　【クラブ名】みつばち同好会 BoooN!!!　【活動開始年】2014 年
京都市北部の神山 (こうやま) と呼ばれる自然豊かな地域にあるキャンパスで、生命科学部の 1 回生から 3 回生の学生が中心となって、養蜂活動を行っている。学園祭では養蜂と生命科学をキーワードにした展示発表をしている。

京都先端科学大学附属中学校・高等学校　【クラブ名】KUAS Social Business Lab　【活動開始年】2020年
学校の屋上でミツバチを飼育し、採蜜から瓶詰、ラベルのデザイン、販売までを行っている。高校生の先輩たちが始めた都市型養蜂の企画を、中学生が引き継いで3年目。本校の高校生の指導で養蜂に取り組んだ中学校もあり、今後も情報発信をしていきたい。

□広島　**世羅高等学校**　【クラブ名】地域活性化班　【活動開始年】2017 年
世羅町の梨の花粉交配の手伝いのために養蜂を行っている。2023 年度は広島市内でも飼育管理の手伝いを行った。それぞれの地域がミツバチを通して元気になる活動をしていきたい。

□福岡　**北九州市立大学**　【クラブ名】放課後みつばち倶楽部　【活動開始年】2012 年
都市部におけるニホンミツバチの屋上養蜂を継続的に行い、地域の自然環境調査とセイヨウミツバチとは異なる居住特性を巣箱の実験によって探っている。地元の養蜂家の方々と「ミツバチ会議」を開いて情報交換をし、北九州和蜂蜜のブランドで蜂蜜販売もしている。また九州山地の伝統養蜂の調査を行い、ミツバチを通じた人類学的な地域研究を展開している。
【クラブ URL】https://beebee-club.blogspot.com/

全国学生養蜂サミット2023／参加校（18校）

□北海道

北海道留辺蘂高等学校　【クラブ名】自然環境研究　【活動開始年】2021年
授業の一環で学校周辺の環境をミツバチの活動を通して理解しようという目的で、養蜂実習を開始。近隣の養蜂場から専門家を招き、指導してもらっている。
【クラブURL】http://www.rukou.hokkaido-c.ed.jp/

市立札幌大通高等学校　【クラブ名】大通高校ミツバチプロジェクト　【活動開始年】2012年
今回は生物部とメディア局がタッグを組み、メディア局制作のミツバチブログでは活動を取材し写真や感想も掲載。飼育はもとより、広報も含めた広い視点から発表。
【クラブURL】http://odori-cc.net/category/bee/

□千葉

千葉商科大学　【クラブ名】CUC100ワインプロジェクト養蜂局　【活動開始年】2022年
3月28日（みつばち）に都市型養蜂「国府台Bee Garden」がスタート。地元のふるさと納税返礼品としても取り上げられ、養蜂活動を通して自然と人間の共生についての理解を深めている。
【クラブURL】https://www.facebook.com/cucKbeeGarden

□埼玉

大妻嵐山高等学校　【クラブ名】みつばちプロジェクト　【活動開始年】2022年
有志の生徒10名ほどで始め、恵まれた自然環境の中で本物に触れる体験や学び、地域貢献・社会貢献につながる取り組みになっている。地元のパン屋さんとのコラボも実現。
【クラブURL】https://www.instagram.com/bee_otsuma_ranzan/

□東京

安田学園中学校・高等学校　【クラブ名】生物部　【活動開始年】2014年
中学生と高校生の部員が共同で養蜂を行い、個人やチームで研究テーマを持ち、ミツバチとマルハナバチの行動や生態の研究を続けている。収穫した蜂蜜は毎年9月の文化祭で販売。
【クラブURL】https://yellz.jp/detail/130395/community/296/

東京都立農芸高等学校　【クラブ名】日本ミツバチプロジェクト　【活動開始年】2021年
飼育を通してSDGsに何が貢献できるかなどについて取り組んでいる。採れた杉並産ニホンミツバチの蜂蜜を使って、オリジナルの商品開発にも力を注いでいる。

聖学院高等学校　【クラブ名】みつばちプロジェクト　【活動開始年】2016年
学校の屋上で養蜂をし、蜂蜜だけでなく規格外やオーガニックの果物と蜂蜜を使ったジャムなどの二次製品も製造。外部での販売も視野に、学生が社会と関わる合同会社And18's を2020年に設立した。
【クラブURL】https://www.instagram.com/mitsupro_seig/

日本工業大学駒場中学・高等学校　【クラブ名】園芸養蜂部　【活動開始年】2010年
都市部ながらも緑地が点在する環境で、ニホンミツバチの飼育を通じて自然の恵みを実感している。飼育は容易ではないが、生態や可愛らしさに全員夢中。近隣のカフェ提供のコーヒー滓を利用してミミズコンポストに取り組み、蜜源植物やホップの栽培に活かしている。
【クラブURL】https://nit-komaba.ed.jp/

電気通信大学　【クラブ名】UEC Bee Club　【活動開始年】2023年
調布市にある大学屋上で、IoTやAIなど当校の研究成果を用いたスマート養蜂を2023年に開始。地元の養蜂家や都内の地域ボランティアの方々に助けられながら、ミツバチについて猛勉強中！

明治大学　【クラブ名】大森正之（環境経済学）ゼミナール　【活動開始年】2019年
千代田区神田猿楽町の旧校舎屋上で養蜂を行う。周辺は皇居や小石川後楽園などの植生豊かな公園があり、養蜂には抜群の環境。障がい者福祉センターの職員や利用者、地元住民の方々と協同して活動している。

□ 活動紹介

＊「**モンゴル養蜂事業＆養蜂ツアー**」西山亜希代・森麻衣子（公益社団法人国際農林業協働協会）

＊「**ちいかん“Bee Hotel”**」村尾竜起（株式会社地域環境計画）

□ 研究発表

＊「**ラオスの里山に伝統養蜂の源流を求めて**」
溝田浩二（宮城教育大）・Sengdeuane Sivilay（ラオス国立農林業研究所）

＊「**DNA 分析による花粉・蜜源植物の全国調査**」長谷川陽一・滝久智（森林総研）

＊「**送粉者の定花性と花種の空間パターンの関係**」高木健太郎・大橋一晴（筑波大）

＊「**ハニカム構造と数理モデル**」小川亮（山口大・院）・鳴海孝之（山口大）

＊「**水田におけるミツバチの採水行動**」高野優美・秋山嘉大・加藤貴央（農林水産消費安全技術センター）

＊「**ニホンミツバチの腹部後部揮発性物質について**」深見治一・坂本文夫（京都ニホンミツバチ研究所）

＊「**ハナバチの行動はどう変わる？：経験と必要な資源の変化による影響**」
永野裕大（東大院・農）・我孫子尚人（筑波大・院）・横井智之（筑波大）

＊「**真社会性ハナバチ類における雄の繁殖行動と生体アミン**」
渡邉智大（筑波大・生命環境系）・佐々木 謙（玉川大・農）

＊「**クロマルハナバチ，*Bombus ignitus*，ワーカーの産卵開始条件の解明**」和田直樹（筑波大・院）・光畑雅宏（アリスタ　ライフサイエンス）・横井智之（筑波大・院）

＊「**都市養蜂はちみつのラベルデザインの研究**」小山慎一・林茄慧・張暁帆（筑波大）・永瀬彩子（千葉大）

＊「**ミツバチ営巣の数理モデルと平行なコームの形成**」
陰山真矢（岡山理科大・理）・秋山拓海・大﨑浩一（関西学院大）

＊「**クズハキリバチが巣材にするのはどんな葉？**」
吉田風音（近畿大・院・農）・平岩将良・早坂大亮（近畿大・農）

＊「**ミツバチ 2種の奈良市における野外訪花調査**」多羅尾洸・香取郁夫（近畿大・農）

＊「**スマート都市養蜂システムの開発**」土取嵩・佐藤証（電気通信大）

＊「**コロニー形成の数理モデル構成を目指して**」
松本泰明（関西学院大・院・理工）・森田善久（龍谷大）・陰山真矢（岡山理科大）・大﨑浩一（関西学院大）

＊「**2 種ミツバチの花粉荷から調べた利用植物種の比較** 」遠藤広基・香取郁夫（近畿大・院・農）

＊「**越冬期のニホンミツバチの腸内細菌叢の特徴**」鈴木亮彦・坂本佳子(国立環境研究所・生物多様性領域)

＊「**ツバキ節植物の送粉者シフトと花色の変化**」
森信之介（慶應義塾大・理工）・長谷川陽一（森林総研）・森口喜成（新潟大・農）

＊「**生態系サービスの効率的な評価技術の開発**」塩谷捺美・尾山智洋・松田絵里子（石川県農林総合研究センター）、日下石碧・前田太郎・井上広光（農研機構）

（敬称略）

2023 ポスター発表　一覧

□ 学生部門

＊**「ニホンミツバチって面白い」**萩原滉智（かすみがうら市立南小学校）

＊**「ニホンミツバチ変成王台作成法」**
箭内寿紀（青森県立三本木高等学校自然科学部）・箭内敬寿志（山形大・理）

＊**「ニホンミツバチに関わる新たな価値と SDGs 教育」**
藤原菜々香、彦坂美乃梨、小村優希、中嶋香奈、浅野聡志、大川愛可、大橋彩心、高島彩皐、石濱綾椛、東本愛佳、津﨑里桜奈、水野恭彦（愛知県立安城農林高等学校）

＊**「駒場周辺の蜜源調査からみる都市養蜂の可能性」**
浅賀日菜美・加藤晴日・伊藤爽稀・江口怜良・野中碧樹・芳賀知和子
（日本工業大学駒場中学校高等学校・園芸養蜂部）

＊**「ミツバチが形成する生きた鎖Ⅴ」**中村薫・小島直樹（安田学園高等学校生物クラブ）

＊**「クロマルハナバチの幼虫の in vitro 飼育系の確立」**
山下慶乃・山岡小己呂・小島直樹（安田学園高等学校生物クラブ）

＊**「クロマルハナバチの二倍体雄の行動特性」**
青山庵・小島直樹（安田学園高等学校生物クラブ）・渕側太郎（大阪公立大学）

＊**「ミツバチは巣内の他個体を識別できるのか？」**
西野大翔・國谷理久（安田学園中学校生物クラブ）・小島直樹（安田学園高等学校生物クラブ）

＊**「花粉荷の「色」による花粉源植物の推定」**吉田匠・小島直樹（安田学園高等学校生物クラブ）

＊**「雄蜂との同居が働き蜂の連合学習を抑制する」**荻原葵・小島直樹（安田学園高等学校生物クラブ）

＊**「地域と関わる活動」**黒羽遥太・中島悠陽（聖学院みつばちプロジェクト）

＊**「社会的文脈が死骸の認知過程に及ぼす影響」**
今枝空・脇田晃納環・小島直樹（安田学園高等学校生物クラブ）

＊**「わたしのミツバチ探究」**澤田八重（各務原市立蘇原第一小学校）

展示されたポスターを前に、直接会話する発表者と参加者のみなさん。

都市養蜂で地域コミュニティを活性化

同志社ミツバチラボの挑戦

同志社大学では2019年に同大学院総合政策科学研究科の科目として「同志社ミツバチラボ」を開設。都市養蜂を通して持続可能な地域コミュニティ創発を目指すとともに，現代の公共政策教育のあり方を探ることを目的としています。銀座ミツバチプロジェクトからミツバチ１群を得てスタート，現在は同志社大学烏丸キャンパス志高館屋上で研究と実践を行っています。全国のミツバチプロジェクトへの聞き取り調査をまとめた一部を下に紹介します。同ラボを主宰する服部篤子教授は「これまでの発見は、実は昆虫に夢中になる子どもたちの輝きでした。子どもたちの夢とミツバチが持続できるようにしたい」と話しています。

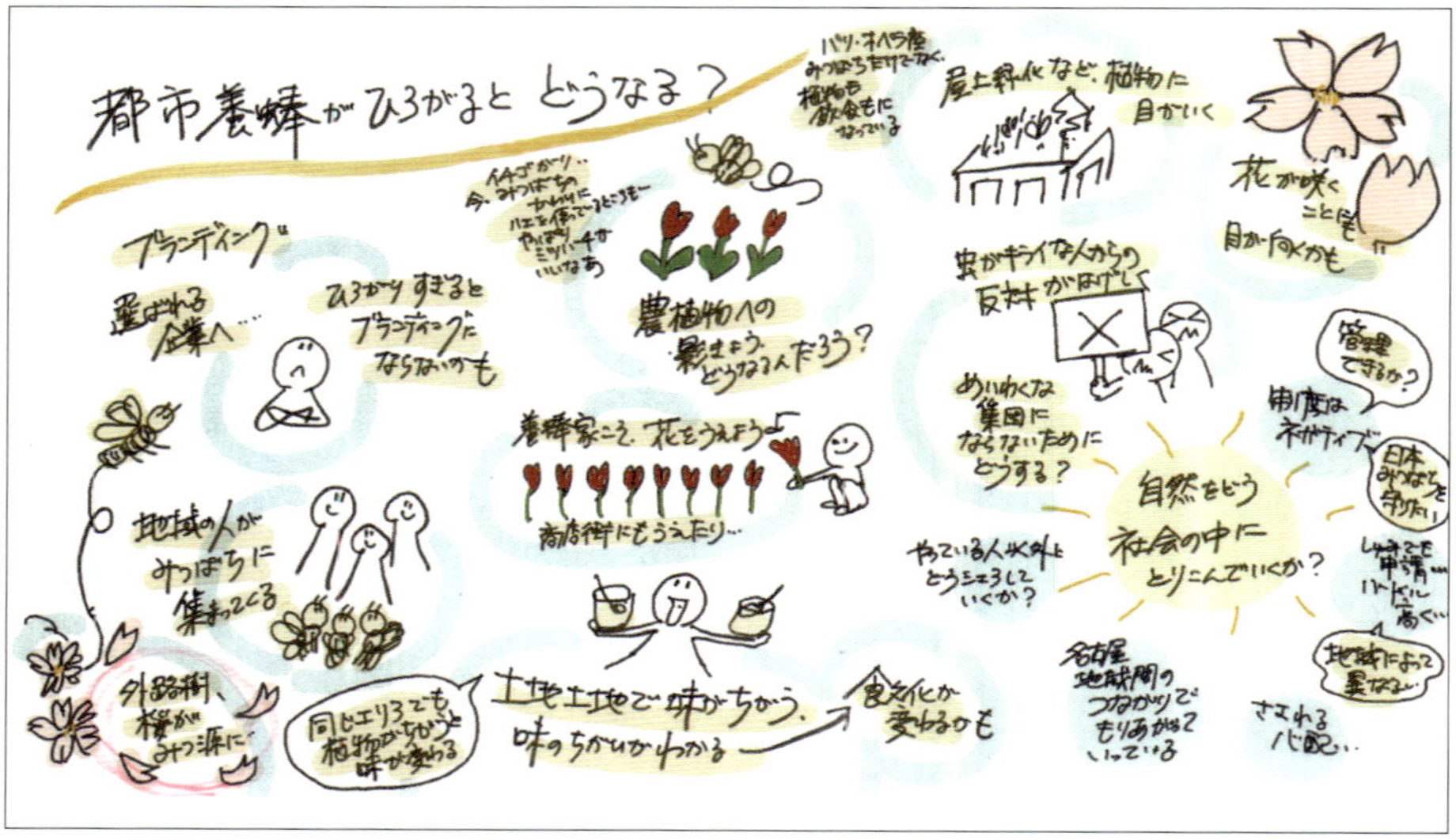

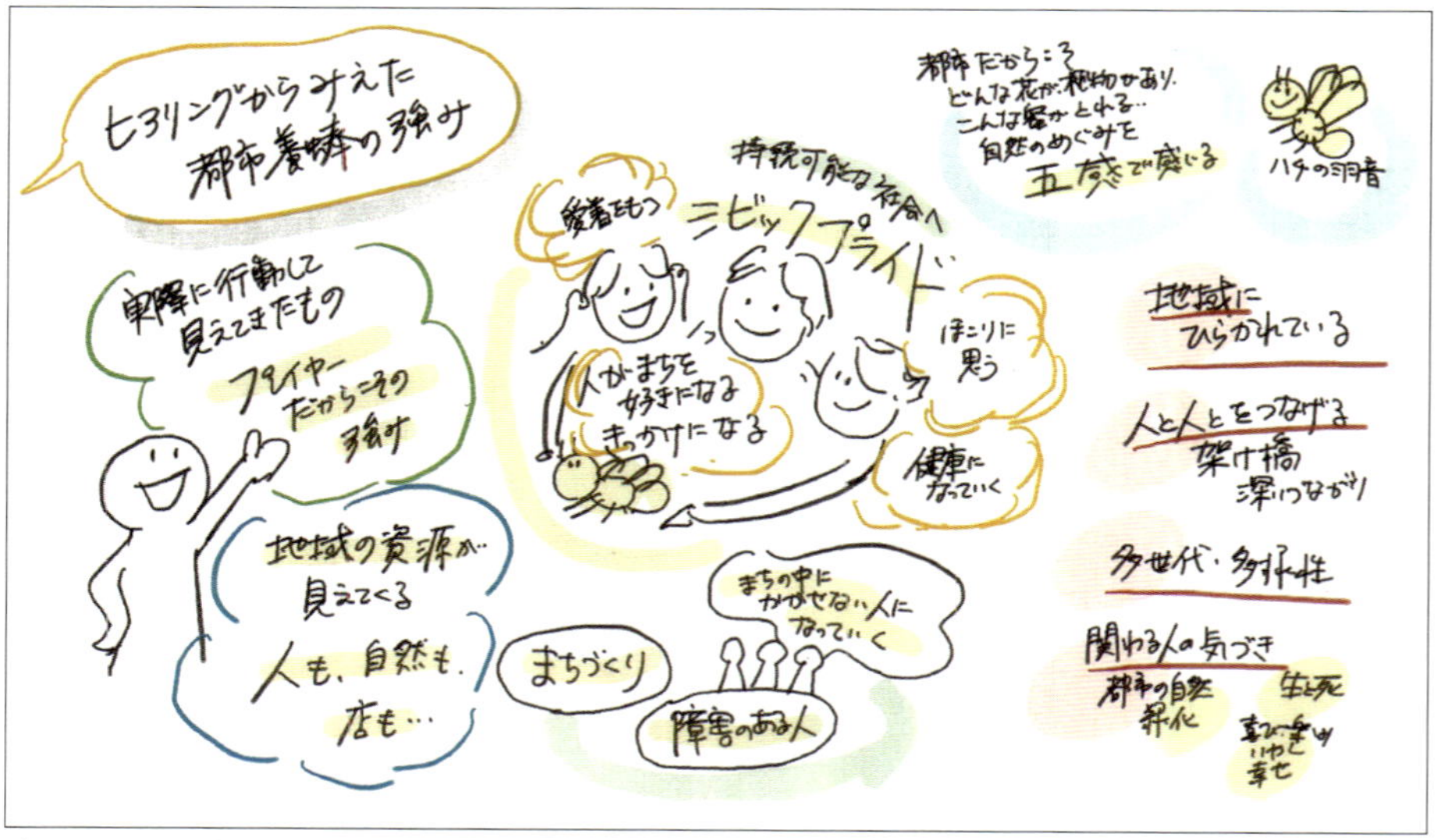

楽しいイラストを交えて全国の都市養蜂調査の結果をレポート。　　資料提供：同社社大学服部研究室

Part 9

活気あふれる春、外敵と戦う夏、
越冬準備の秋、静かに過ごす冬

太陽と花とともに生きるミツバチの12カ月

冬支度をした巣箱

サクラとミツバチ

花粉団子で越冬準備

大きなムダ巣も作る夏の群勢

夏の撮影：渡邉里加

赤坂みつばちあで行った養蜂のポイント

採蜜期	4月	蜂が増える時期でもあるので、増えたら空の巣板を入れる。
	5月	巣箱に継箱を乗せて2段の群にする。王台の点検、分蜂防止に気をつける。
	6月	梅雨の時期はミツバチの病気発生に注意する。
越夏期	7月	スズメバチ対策の機器を準備する。
	8月	駆除剤などで、ミツバチへギイタダニの防除を行う。
越冬準備	9月	巣箱を2段から1段の群に。スズメバチ対策を実施する。
	10月	越冬用の砂糖水を給餌する。数の少ない弱い群は合同する。
越冬期	11月	巣門を縮小して寒さ対策。使用した巣板や養蜂道具は消毒して保管する。
	12月	保温カバーを取り付ける。
	1月	ミツバチは冬眠をしない。
飼育開始	2月	半ばから産卵促進のため、砂糖水や代用花粉を給餌する。
巣箱の内検	3月	週1ペースで巣箱内を点検する。羽化が始まる時期。

年間管理早わかり表

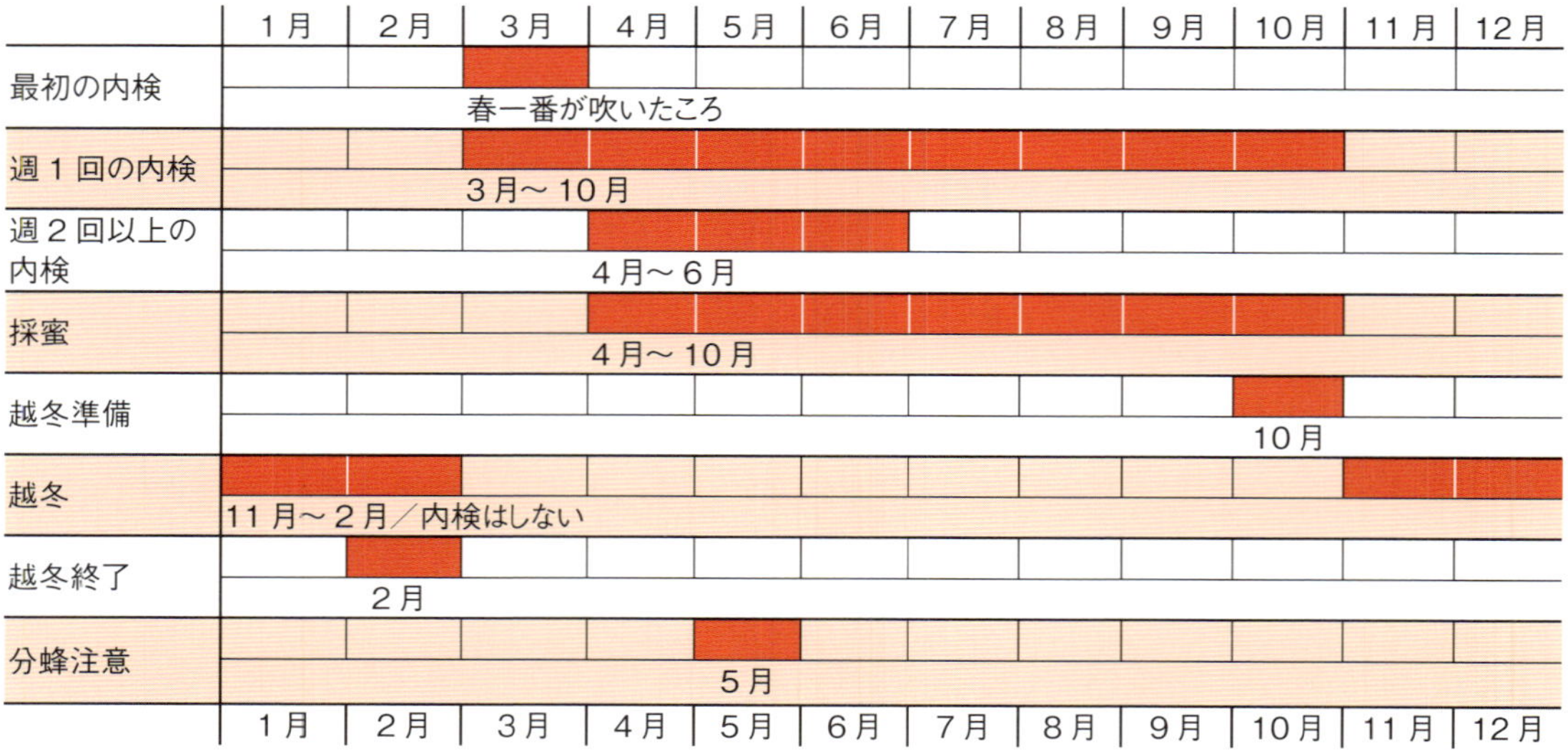

Spring

春 4月〜6月

【4月】春一番のハチミツはサクラの花から

東京の場合、春になって初めて採れるハチミツはサクラの花からで、そのころの日中の気温は18℃くらいです。サクラよりも開花が早いのはウメですが、2月ごろからウメの花が香しさを漂わせても巣箱の中のミツバチはほとんど飛んで行きません。東京のウメの開花時期の気温は12～15℃くらいで、ミツバチが活動するには気温が低く、なかなか外にでられません。サクラの開花時はミツバチたちの活動しやすい気温なので、羽音をブンブンさせながら飛び回ります。流蜜期と言われる蜜が多く出るのがサクラの花の散り際で、さかんに巣箱とサクラの木を行ったり来たりしています。古くから農業では「サクラの花が散るころに種を蒔く」という言い伝えがありますが、万物が動き出すころにミツバチも活動を始めるようです。

ミツバチに負担をかけない採蜜の仕方

巣箱が重くなってきたら、蜜が溜まってきた証拠。4月末からは熟成した天然100%のおいしいハチミツが採れるようになります。1シーズンに4～6回行いますが、たくさんの量を求めて深追いせず、ミツバチを疲れさせないのも群れの安定につながります。というのも、採蜜によって巣がからっぽになってしまうと、蜂たちはせっせと蜜集めをするため労働が増してしまいます。人間の都合で採蜜に次ぐ採蜜を行うと、のちに越冬する際の成功率が下がると言われています。

また、溜まって直ぐのハチミツは糖度が平均約76～78度と低いため、赤坂みつばちあでは蜜蓋《みつぶた》がかかり熟成してから採蜜をしていたので糖度は80～82度ありました。蜜蓋を包丁で剥ぎ取るのは手間がかかりましたが、その分とても甘いおいしいハチミツを味わえました。

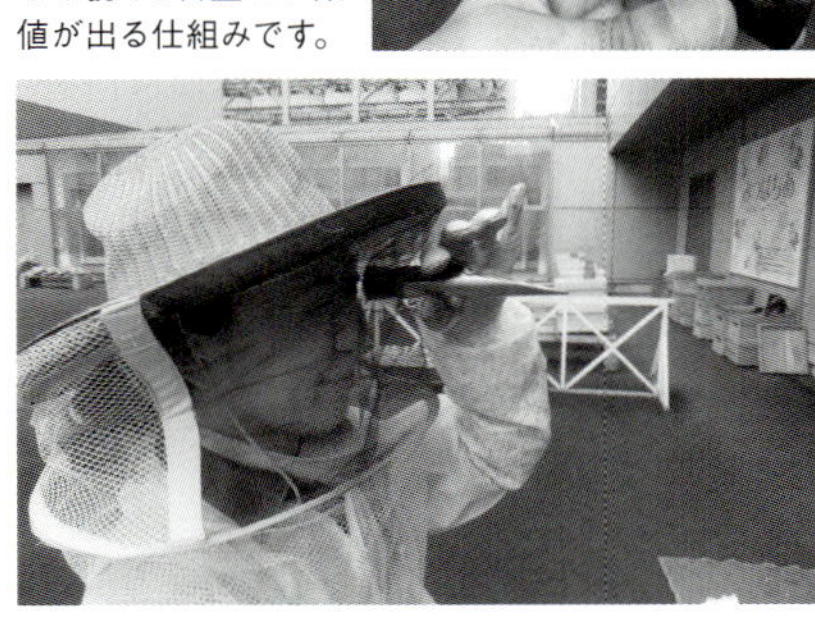

糖度計で度数をチェック。糖度計は先端にハチミツをのせ、反対側のレンズから光を通して覗くと目盛りに数値が出る仕組みです。

【5月】気温が上がってくるとミツバチの数は倍々ゲーム

春の陽気のなかで巣箱の蓋を開けると、こぼれ落ちるほどのミツバチたちでいっぱいです。とても1段では収まりきれず、上に2段目、3段目と継箱を積んで、住空間を広げます。赤坂みつばちあではボランティアメンバーに女性が多いため、持ち上げる高さや重さを考慮して2段積みに抑えていました。

繁殖シーズンには働きバチは倍々ゲームで増えていくのですが、巣箱の中では増えた働きバチたちが次期女王バチ候補を何匹も育てて群れを別に増やそうとします。「分蜂」と呼ばれる行動の始まりです。ピーナツの殻形の巣房は女王バチ用の特別室で、並んでいる中から1匹だけ残るのですが、養蜂家の場合は事前に選んでコントロールするのが常道です。専門業者が一定の管理の下で群れを増やすことは養蜂業として望ましいのですが、都市養蜂の場合、分蜂させて何処に行ったかわからない事態を起こさないように気をつけなければなりません。分蜂しそうな事前のタイミングを計るのは難しいのですが、とくにこの時期は日々の内検を丁寧に行うことが必要です。

繁殖の時期は、蓋を開けるとミツバチたちがワラワラとあふれ出ます。

屋上のプランターで赤く実ったイチゴ。
撮影：渡邉里加

【6月】外出できない梅雨時はミツバチにもストレス

雨が降っていると働きバチは蜜を集める活動がしにくいのと、巣箱の中のハチミツは蜂たちのご飯にもなるので貯蜜の量が少なくなる時期です。湿度が高いと病気の発生にも十分注意が必要となり、雨のときは蓋を開けての内検はできないので、ミツバチたちの観察は外側からでもじっくりするようにします。主な病気には、細菌によるアメリカ腐蛆病やヨーロッパ腐蛆病、真菌によるチョーク病、微胞子虫によるノゼマ病、ミツバチヘギイタダニによるバロア病などがあり、これらは罹った場合には予防や蔓延防止のために届け出の必要があります。

ミツバチの病気

参考文献：『近代養蜂』（日本養蜂振興会）、『ミツバチの秘密』（緑書房）

原因	病名	症状・その他
細菌	アメリカ腐蛆病	死亡した幼虫や蛹が腐る。巣房の中が茶色に変色する。
	ヨーロッパ腐蛆病	アメリカ腐蛆病より弱いが、同じ症状になる。
真菌	チョーク病	ハチノスカビが幼虫に感染して起こす。白い糸状の菌糸で全体を覆い、乾燥するとチョークのようになることからこの名がついた。
微胞子虫	ノゼマ病	腸の細胞内で繁殖。下痢状の糞便をするのが特徴。
ダニ	バロア病	ミツバチヘギイタダニが幼虫や蛹の体表に寄生して、発達障害を起こす。
	アカリンダニ症	体内の気管に寄生し、弱体化させる。
ウイルス	麻痺病	働きバチの成虫が異常行動をし、死亡する。
	サックブルード病	腐蛆病に似た病気で、幼虫が袋に入ったような状態で死ぬため、サック（袋）ブルード（蜂児）と呼ばれる。
	チヂレバネウイルス病	感染した幼虫は羽化時に翅が開かず、縮れたまま死亡する。

Bees コラム ハーブや牧草の受粉でミルクやチーズの生産にも貢献

ヨーロッパの牧場は牧草が単一ではなくハーブやベリー類、タンポポの花なども交じっています。季節によってハーブの種類も変わるのでミルクの色や味にも影響し、それを使ったチーズの風味も変わります。毎年、種を蒔いて牧草を育てるアメリカ型畜産方式とは違い、その地に昔から生えている草が受粉を繰り返す循環型農業は重要です。そしてヨーロッパに多い家族経営型の小規模農家にとってミツバチは受粉作用の主役で、セイヨウミツバチが何千年にもわたって担ってきたことを学校でも教えています。牧草を人の手で受粉させることはできませんし、毎年種を買うことは個人経営者には負担が大きすぎます。EU諸国では農薬汚染や温暖化がミツバチに与える影響に敏感で、日本より食糧問題としてミツバチの減少に強い関心を持っています。

Summer 夏 7月〜8月

【7月】スズメバチ対策の準備

梅雨が明けて夏になると咲く花も変わり、赤坂近辺のナツミカンやキンカンなどの花も蜜源になるようで、ハチミツは柑橘系のさわやかな香りがするようになります。ただこの時期は蜜源が少ないため、群れはあまり大きくしないようにコントロールすることも大切です。

加えてこの時期は、スズメバチ襲来の準備を始めます。肉食の彼らはミツバチを食べにやってくるのです。ＴＢＳの屋上には、オオスズメバチとキイロスズメバチがミツバチを捕まえに来ていました。キイロスズメバチはミツバチを1匹くわえると飛び去るので、幸いなことにキイロスズメバチが多数でＴＢＳ屋上に来ることはありませんでしたが、1匹でも見つけると虫取り網で捕獲もしました。人も刺されると危険なので、攻撃性と毒性がミツバチとは大きく違うことを知っておきましょう。

①ミツバチは刺すと針につながっている内臓が出て死んでしまう。

②スズメバチは肉食で何度でも鋭い針で刺せる。毒の量も多い。

③共通するのは仲間がやられたときに出す攻撃フェロモンで、それによって援軍が集まる。

巣箱にスズメバチ対策の器具を取り付けて防御。

出入り口の巣門もミツバチだけが通れるようにします。

生物多様性は昆虫の楽園？

屋上の養蜂スペースには蜜源となる植物や、受粉すると実る野菜などを植えました。するとどこからともなく虫たちもやってきたのです。緑化プランターに植えたバジルの茎にアブラムシが発生。先端の茎が黒く見えるほど集まっていました。ミツバチを飼っているので殺虫剤は使えずに、園芸で言われるガムテープで捕る方法でも捕り切れなくて困りました。ところが、しばらくするとテントウムシが現れ、アブラムシを食べ始めたのです。どこから8階屋上まで飛んで来たのか、見当もつきません。

同じように緑化プランターにバッタが現れたら、その後にバッタを食べにカマキリが出現。狭い養蜂スペースなのに多様な昆虫の世界が生まれました。ミツバチが暮らしている所に、他の生き物は安心してやって来ると聞きますが、花や緑があって農薬無しは良い環境なのかもしれません。

このカマキリ、8階までどうやって来たのか、謎です。

【8月】世界中のミツバチに寄生するダニとの闘い

気温が高くなると女王バチは産卵をしなくなるため、働きバチの数も減る傾向にあります。温度が上がらないように巣箱も日陰に置くようにします。蜂たちが弱ってくると勢いづくのがダニ。殺虫剤をほぼ使うことができないので、ミツバチに取り付くダニへの対策は専門業者も根本的な解決策はなく、工夫しながらミツバチを丈夫に育て、被害を少なくしているのが実情です。

ダニは、ミツバチが六角形の巣の中で幼虫から成長して蛹になる途中で巣房に入り込み、体液を吸って育ちます。ミツバチは翅も開かず、成虫として誕生しても死ぬばかり。飼育を始めたころは指導者からダニの寄生があるかどうかを見るようにと言われても、あまりにも小さく黒いボールペンで点を描いた程度にしか見えず、解からずじまいでした。

写真はダニが働きバチより体が1・5倍ほど大きなオスバチに多く寄生するので、オスバチの巣が並んでいる範囲をバッサリと包丁で切り落として働きバチたちを守る手段をとったところです。オスは成虫にさえなれない方法ですが、ダニは切り落としたオスの幼虫から働きバチたちの巣に入り込もうとする強靭さを発揮する困り者です。

小さな黒い点が、オスバチの蛹についていたダニ。

寄生されて成長できなかった蜂。

Beesコラム

ミツバチに寄生するダニは手ごわい

ミツバチの繁殖状態を知るうえで六角形の巣の底に産み付けられた糸状の小さな卵を確認するのは欠かせない作業ですが、慣れないとなかなか見つけられません。それ以上に難しいのがミツバチの巣に入り込んで被害をもたらすダニを見つけることです。ダニはミツバチの卵が幼虫になり蛹となる段階で巣に入り込み、体液や脂肪体を吸い続けます。ミツバチが成虫として蓋を破って出てくる時には翅も伸びずにボロボロの姿で、ひと目で死を待つしかないのがわかります。その一方、寄生していたダニは人間に見つからないうちに次の寄生先に移動してしまいます。このしぶとさには閉口します。農薬にはめっぽう弱いミツバチに対しダニを殺すほどの強い農薬を繁殖期には使えないため、世界中の養蜂家を困らせています。ダニが媒介する病原菌やウイルスによる被害が発生することもあるのに根本的な解決策はありません。ミツバチは人類が誕生する遥か昔、恐竜時代の後半からいたことが化石などからわかっていますが、ダニは恐竜時代以前からいたそうで、生き抜く力は手ごわいです。

Autumn 秋 9月〜10月

【9月】繁殖シーズンが過ぎて採蜜も終盤へ

夏が終わるころになると、貯めたハチミツと花粉で越冬できるようにミツバチの数を徐々に減らしていきます。とはいえ、秋に咲く花もあるので働きバチは蜜集めに一生懸命です。例えば、ドングリ。赤坂氷川神社の境内では秋になるとドングリの実が地面いっぱいに落ちています。どんな花か知られていませんが、シイノキにも花は咲きます。屋上の巣箱からは数百メートルの距離なので、花が咲けば当然訪れていてもおかしくはありません。そのころ採れたハチミツは、茶色くて風味は洋菓子のモンブランに似ていて、甘いハチミツとは感じが違う渋味がありました。

Beesコラム

料理用に一番人気は栗のハチミツ

フランスでは栗の茶色いハチミツが料理用には一番人気で、ステーキのソースやサラダドレッシングに渋みが好まれるそうです。植物学的には異なるグループに属するのですが、「マロン」と表現されることのあるトチノキ。都心の街路樹セイヨウトチノキ（マロニエ）の花にもミツバチは飛んで行き、おいしいハチミツをもたらしてくれます。9月ごろに青山通りや日比谷通りを歩くと皮を被ったたままの丸い実が歩道に落ちています。開花時期の6月ごろ、これらの通りの街路樹を見上げるとミツバチが飛んでいるのが肉眼で見られます。

シロバナトチノキの実。

【10月】秋口に夏の疲れが出るのはミツバチも同じ

暑さが落ち着いてきたら、越冬の準備に入ります。ミツバチの数を減らして、貯めたハチミツや花粉で越冬できる群れにします。群勢も夏の疲れで衰えているため、2段の巣箱は1段にし、巣板の数も減らして5枚程度にしていきます。ミツバチが少ない巣箱は他の巣箱と合同をします。合同とは二つの群れから蛹が入った巣枠を一つの巣箱に入れて、女王バチも1匹にして新しい群れをつくることです。ミツバチはにおいで群れを識別しているので、違う群れとみなして攻撃してきますから、戦わないように注意して徐々にならしていきます。

越冬のために砂糖水や花粉の代わりになる餌を巣箱に入れます。砂糖は巣箱数が少なければ市販のグラニュー糖を溶かして使用しましたが、数が多いときは養蜂協会が斡旋する業務用精製糖を使用したこともありました。

さらに気をつけたいのはスズメバチです。やってくることが多い時期で、外にいる働きバチだけでなく、巣箱の中に入って幼虫や蛹を食い荒らされると、群れが弱体化して越冬できなくなってしまいます。秋口はミツバチにとって受難の季節かもしれません。

越冬のために巣板は巣箱の片側に寄せ、さらに分割板や砂糖水の入った給餌器で寒さ対策をします。

Winter 冬 前半 11月〜12月

【11月】いよいよ越冬へ。巣箱の中で静かに冬ごもり

越冬期間中の働きバチの寿命は、春先の40〜50日に比べるとかなり長く、4〜5カ月と言われています。越冬の間は女王バチは産卵をしなくなり、働きバチたちは育児の仕事もなくなって、咲いている花も少ないので蜜集めも忙しくありません。冬に入ってサザンカが咲き始めると、せっせと花粉集めにやってくるミツバチの姿を見ることができます。

巣箱は1段にして木枯らしが吹く前に巣の入り口を板や新聞紙などで狭くし、中に冷たい風が入らないようにします。春から夏にかけて使用した巣箱や巣板、

養蜂道具は消毒して保管します。巣箱の中では「蜂球《ほうきゅう》」と呼ばれる丸い形に蜂が集まり、巣箱内の温度を30℃近くに維持します（53ページの写真参照）。また、寒い時期は暖かい日を見計らって、外へ排泄に出かけます。

板を取りつけて小さくした巣門。

【12月】本格的な冬の到来。巣箱にカバーをかけてしっかり保温

朝夕の気温が低くなってきたら、1段の巣箱に保温用のカバーをかけます。保温にはいろいろな方法があって、麻袋を何枚も重ねたり、フリース生地で覆ったり、場合によっては雪除けの板を乗せておくこともあります。12月ごろからは巣箱の蓋を開けると中の温度が下がってしまうので、内検も行わず給餌も基本的にはしません。夏まで9～10枚だった巣板を、平均4～5枚になるようにミツバチの数を調整して越冬に入りますが、2～3枚では越冬することはできないようです。

ミツバチのお世話が減ったボランティアメンバーは、毎年冬になるとムダ巣など集めた蜜蝋を精製して、ハンドクリーム作りを行ってきました。10～11ページでその様子を紹介しています。

Beesコラム 東京24区のハチミツで作りたいクリスマスカレンダー

クリスマスシーズンが近づくと、チョコレートやクッキーが入ったアドベントカレンダーが人気のようです。12月1日から24日まで、一日ずつお菓子を食べてクリスマス当日を迎える。このハチミツ版がオーストリアのウイーンで売られていると聞き、大使館で調べてもらい入手したのがこのセットです。ウイーン市内の場合は行政区が23あり、一つ足らない分はMIXとなっています。東京には23の特別区があり、そのほとんどでミツバチプロジェクトが行われています。都内で24にして作ろうと東京都に持ち掛けましたが、実現には至っていないのは残念。なおウイーンのシンボルとして有名なセント・シュテファン寺院の屋上にも巣箱があります。

ウイーン各地のハチミツ24種類のセット。

Winter 冬 後半 1月～3月

【1月】冬眠ではなく一時活動を停止しての越冬

ミツバチは卵や蛹ではなく成虫で越冬します。春の初めに他の昆虫が動き出す前に、いち早く活動を開始して飛んで行くことができます。これもミツバチが人類の誕生よりももっと前の恐竜時代の後半（約1億年前）から地球上で生きてきた、勝ち抜きの秘密の一つかもしれません。

年が明けて、咲き始めたツバキにやってきて花粉集めをする働きバチの姿を見ると、小さい体に秘められた生きのびる知恵を感じます。冬の間は巣箱は開けられませんが、数匹でも外に出てくるミツバチを観察して、様子を見守ります。

【2月】寒さの中にも春の気配 女王バチの産卵を促す時期

2月半ばごろから、女王バチの産卵を促すために砂糖を緩く練ったものや、代用花粉で補助給餌をします。働きバチが卵から成虫になるまでに21日かかり、外に蜜集めに行くまでに日数を要するため、女王バチのエンジンをかけておくとサクラの開花に間に合うというわけです。ミツバチたちはハチミツと花粉を餌にしますが、ハチミツの糖分のみだと体の組織は作れないので、花粉からビタミンやタンパク質、カルシウムなどのミネラル分を摂取。とくに蜂児が次々と生まれてくる春先には大量に必要となります。

【3月】待ちに待った春の到来！でも花冷えに注意

気温が18℃を超えると、ミツバチの活動は活発になってきます。巣箱の周りを飛び回る蜂たちを見ると、いよいよ春だなぁと思います。3月と言っても花冷えがすることもあるので保温は続けておきます。気温が上がらない日は、巣箱の中で真ん中に丸く集まって群れの温度を保つ姿が見られます。春一番が吹いた暖かい日に内検をして、巣箱の様子をじっくり観察します。働きバチがどんどん生まれていれば、越冬が成功した証拠。群勢を見て、サクラの開花に合わせて巣箱を2段にすることもありました。採蜜シーズンに向けて、ミツバチも私たちも忙しくなります。

Bees コラム

新しい養蜂スタイルの4代目指導者

2022年から赤坂みつばちプロジェクトの指導を担当するのは、養蜂家の谷口侑太さんです。内検の際にミツバチたちをおとなしくさせるために必要だった燻煙器を使わず、蜂除けのブラシも採蜜の一部でしか使用しません。巣箱の蓋を開けるときも、中の空気圧が変化してミツバチが驚かないように、そっと持ち上げます。ミツバチ本位の養蜂は、蜂たちも気分がよさそうで以前よりおとなしくなった感じがします。新しい道が開けそうでとても楽しみです。

4代目指導者の谷口侑太さん。

採蜜の蜜蓋取りも包丁ではなく、蜜蓋かき器を使います。

1 黄色い菜の花にやってきたミツバチ。2 3 春浅い季節、クリスマスローズとツバキは貴重な蜜源に。
撮影：渡邉里加

養蜂を始めたい人へのアドバイス

女王バチを囲むローヤルコート 撮影：高柳奈々子

❶ 地域や周りの環境、標高、蜜源植物などを確認しましょう。加えて、飼育規模、主な目的も定めておくとよいでしょう。

❷ できれば相談できる養蜂指導者を見つけることをお勧めします。指導料は必要となります。

❸ ミツバチは家畜なので、毎年1月1日付での飼育届けを各都道府県の担当部署に提出します。許可制ではなく届け出制です。セイヨウミツバチもニホンミツバチも届け出が必要で、東京都の場合は都庁の産業労働局農林水産部畜産振興係に提出。昆虫なのに家畜と言われてもピンと来ないかもしれませんが、ミツバチには法定伝染病や届出伝染病があるので衛生管理は重要です。

❹ 犬を飼うときに予防注射をするのと同等の管理責任があります。

❺ 病気によってはすべて処分となってしまうこともあるので、初心者には何が起きているかもわかりません。良い指導者が見つかると安心です。

もっと知るには…

- □ 「ミツバチの絵本　そだててあそぼうシリーズ」（よしだただはる 編集　たかべせいいち イラスト　農文協　2002年）
- □ 「ミツバチの教科書」（フォーガス・チャドウィック／スティーブ・オールトン／エマ・サラ・テナント／ビル・フィツモーリス／ジュディー・アール 著　中村純 監修　伊藤伸子 訳　エクスナレッジ　2017年）
- □ 「蜂からみた花の世界　四季の蜜源植物とミツバチからの贈り物」（佐々木正己 著　海游舎　2010年）
- □ 「ミツバチの世界」（桑原万寿太郎 著　岩波書店　1954年）
- □ 「Keeping　Bees　In　Town&Cities」（Luke　Dixon 著　Timber Press　2012年）
- □ 「蜂は職人・デザイナー」（奥本大三郎／杉山恵一／松浦誠／吉田忠晴 著　住友和子編集室／村松寿満子 編集　LIXIL 出版　1998年）
- □ 「養蜂大全」（松本文男 著　誠文堂新光社　2019年）
- □ 「ミツバチの世界　個を超えた驚きの行動を解く」（Jürgen Tautz 著　丸野内棣 訳　丸善出版　2010年）
- □ 「近代養蜂」（渡辺寛／渡辺孝 著　日本養蜂振興会　1974年）
- □ 「ミツバチの秘密」（高橋純一 著　緑書房　2023年）
- □ 「ハナバチがつくった美味しい食卓」（ソーア・ハンソン 著　黒沢令子 訳　白揚社　2021年）

あとがき

高橋 進

少し年配の方は、ラジオ番組の「全国こども電話相談室」を覚えていらっしゃるでしょうか。

まだテレビの本放送が始まる前のラジオ局時代から続く名物番組でした。

夕方30分間の生放送で、レギュラー回答者は無着成恭《むちゃくせいきょう》さんや永六輔《ろくすけ》さん、上野動物園の杉浦宏《ひろし》さん。そして植物の先生は母校の大先輩、柳宗民《やなぎむねたみ》さんでした。

アナウンサー時代、縁あって、柳先生のピンチヒッターを単発で務めることになりました。

質問内容を前もって知らされるわけではなく、順番次第で回答の時間も限られます。先生方に囲まれてドキドキしながら、「植物の質問」があればと待ちました。電話は小学2年生の男の子からで「どうして葉っぱは緑色なんですか?」という質問。この本に目を通してくださった方々は、何と答えますか?

小学2年生では、まだ葉緑素を習っていません。「黄色い葉っぱや赤い葉っぱもあるよね」などと説明をしている間に終了時間が来てしまいました。不消化のままに終わったあのときの気持ちは、今もはっきりと記憶に残っています。

幸い、番組は時間内に取り上げられなかった全国からのすべての質問に対し、放送終了後に電話を掛け直すという方針を取っていたので「葉っぱの質問者」にも追加の説明ができました。

この出来事が、ミツバチプロジェクトでの活動の主軸を小中学生のミツバチ教室に置きたいと考えた、その気持ちの奥底にあるとあらためて思い起こしました。

本書は、ＴＢＳミツバチプロジェクトの活動の柱となったミツバチ教室を中心に、都市養蜂の魅力を広く知っていただく目的で執筆・構成しました。ミツバチ教室に関する内容は、私がかかわった２０１０年から２０２２年までの実施例を取り上げています。現在は「赤坂みつばちプロジェクト」と名前を変え、新たなプログラムを取り入れるな

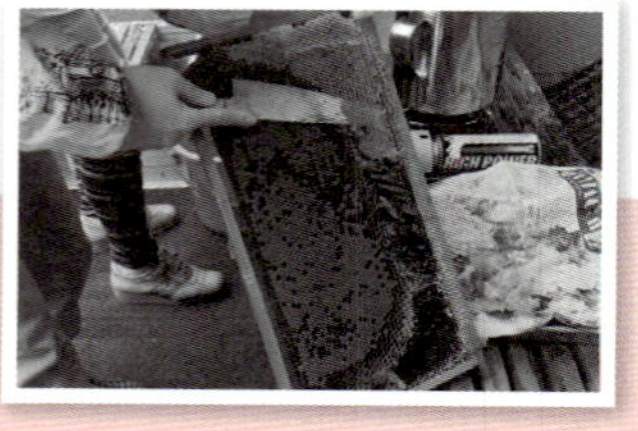

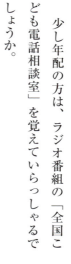

どしながら継続しています。

都心のビル屋上で養蜂を始めることになった経緯はＰａｒｔ1でお話しした通りです。２００７年、当時のトップの決定で、いち早く自然エネルギーやＬＥＤの導入がスタート。他方、自社ビルでできる対策として、港区と緑化協定を結び、屋上緑化をはじめ1階正面通路でのゴーヤによる緑のカーテン作りなども並行して進めました。

これには東京農大ＯＢで進化生物学研究所理事長、はこねフローリスト代表をされていた淡輪《たんのわ》俊《たかし》氏と実務者の野崎栄二氏による技術協力がありました。放送局の正面通路に見た目にもこだわった緑化が実現できたのはそのおかげです。

お天気キャスターの森田正光氏が、天気中継でCO_2対策や微気象モデルに着目した温暖化対策を発信しようと緑のカーテンに賛同してくださり、毎年プランターへの植え付けから加わっていただきました。

どうしたら都心の養蜂プロジェクトを実現できるか。検討に半年をかけました。相談を持ちかけたのは、日本で初めて都市養蜂を東京のビル屋上で始めた岩手県盛岡市の養蜂家・藤原誠《せい》太《た》氏、2006年にスタートした銀座ミツバチプロジェクトの田中淳《あつ》夫《お》氏。そしてクインビーガーデンの小田忠信代表からは養蜂業の上部団体・日本養蜂協会を紹介していただき、東京都養蜂協会を通じて週1回、養蜂指導者の派遣をお願いすることができました。安全安心にプロジェクトを継続するうえで、この枠組みが大きな支えになりました。

初代指導者の矢島威氏（当時東京都養蜂協会会長）には２０１１年のスタート時からお世話になり、翌２０１２年に2代目の人見吉昭氏（下町のお巡りさんからプロの養蜂家に転身）に交代。人見氏のお嬢さんご夫妻が引き継いだ後、本書に寄稿してくださった高橋和子氏（東京都養蜂協会初の女性理事）にバトンタッチ。２０２２年からは谷口侑《ゆう》太《た》氏（東京農大卒業後にワシントン大学などでミツバチの生態を学んだ若き養蜂家。１０４ページ参照）が担当しています。

矢島さんは言葉数の少ない静かな人で、あるとき「ここは蜂が死なないからいいね」とおっしゃったことが心に残っています。農薬

の少ない都心の養蜂ビギナーは幸せ者でした。

人見さんは歯に衣を着せず、きっぱりした性格の持ち主。養蜂のプロを目指す人たちを多数指導してこられた経験があり、「ボランティアなんて、次は来るか来ないかわからないような人たちに、何を教えればいいんだ?」と。メンバーの熱意が伝わるのも早く、ミツバチの扱い方や採蜜の方法だけでなく、ときには東京を離れ、私たちにたくさんの経験を積ませてくれました。

余談ですが、人見さんが交番勤務時代、届けられた遺失物がミツバチで、これがきっかけで養蜂家になったというのですから、人生何が起こるかわかりません。

養蜂を実施するための枠組みに加え、地元赤坂の会社や町内会、飲食店、和菓子店、広告代理店なども協力してくださいました

特にSDGsでの課題の一つ「パートナーシップ」では、地域の連携が重要です。地元の皆さんの協力は、赤坂まちづくり代表会議の代表・土橋《どばし》武雄氏のバックアップや、古い歴史を持つ赤坂氷川神社の若き権禰宜《ごんねぎ》江川義孝氏の力添えがあってこそと深く感謝しています。

また本書に寄稿していただいた、玉川大学名誉教授・佐々木正己《まさみ》先生はセミナーや赤坂の街歩きでミツバチを通して環境問題へと導いてくれました。

電気通信大学教授の佐藤証《あかし》先生はボランティアメンバーとして加わるとともに、専門知識と行動力によって養蜂を工学的な見方で提示してくれました。

茨城県つくば市で隔年開催されるミツバチサミットでは、毎回大きな刺激を受けました。今回の記事をまとめるにあたり、前田太郎氏をはじめミツバチサミット実行委員会事務局の皆様にご協力いただきました。

ミツバチプロジェクトの楽しさは、見学や採蜜の時だけでなく、その先にも続いています。

ミツバチ教室のハチミツテースティングで「サクラのハチミツ」と当てた赤坂小学校の4年生が、翌年、校内のサクラが開花したとき、「ミツバチが来ていた」と校長先生を

通して私に伝えてくれました。たった一度の授業で、翌年の春まで関心を持ち続けてくれたとは、思いもしなかった嬉しい知らせでした。

赤坂氷川神社のお祭りでの出来事も心に残っています。毎年、メンバーが境内にハチミツ屋台を出して、サクラのハチミツを使った飲み物を提供しています。たいへんな賑わいで、私も必ず顔を出します。

コロナ禍が明けた年のこと、石畳の向こうから長身の若い男性4人と女性1人が私に近づいてきました。「なんだろう?」と思ったら、その中の一人がぴょこんとお辞儀をして「僕たち同級生です。ミツバチ教室に行きました」と挨拶をしてくれたのです。突然のことで驚くとともに、年齢をたずねると「19歳です」。彼らは10年前のミツバチ教室を覚えていてくれたのです。

Ｐａｒｔ２で取り上げた港区立青南小学校の3年生１００人の観察記録も、多くの方にお伝えしたい内容です。ミツバチ教室に参加した後日、１００人１００通りの絵と感想文が学校から届けられました。この内容をテレビ・ラジオで紹介するのは難しそうだ。どうすれば小学生の感性の豊かさを伝えられるのか。ずっと考え続けていました。今回その一部を取り上げる機会に恵まれたことに感謝しています。

屋上養蜂を始めて3年目、朝の情報番組でメインキャスターをされていたみのもんたさんが声をかけてくれました。

「高橋くん、屋上のミツバチのことを番組で話してみてはどうかな。もっと宣伝してもいいんじゃないの?」

プロジェクトのスタートが東日本大震災と重なったこともあり、それまでは積極的な広報活動を考えたことがなかったのですが、この言葉に気持ちが動かされました。

番組でミツバチプロジェクトを紹介すると、終了後間もなく、デスクの電話が鳴りました。なんと同業他社からの問い合わせです。「ミツバチを飼いたいので、詳しく教えてください」と言われ二度びっくり。

後日、別のテレビ局の人と話す機会があり、「うちでも養蜂を検討したことがあります」と聞いてまた驚きました。

放送局からの問い合わせはその後もたびたびありました。特にミツバチ教室への関心が高いのは、多くの人と話題を共有したい、放送局ならではのノウハウを活用したいという意欲があるからかもしれません。

都市養蜂への関心は急速に高まり、養蜂に取り組む会社や学校が増えています。都市養蜂で大先輩のパリでは、セーヌ川両岸の歴史的な建物の屋上に巣箱が２００あまり、およそ４００万匹が飼育され、パリ市内の人口よりも多いそうです。日本に留学中のパリ自然史博物館の研究員に話を聞く機会があり、ミツバチが増えることについてたずねると、パリ市民はミツバチが好む街路樹や花をもっと増やそうとしているという返事でした。生物多様性を意識した蜜源植物の植栽や研究は私たちにとっても今後の課題です。

最後になりましたが、拙文を救い上げてくれた日経サイエンス編集部の菊池邦子さんとミツバチのボランティアメンバーでもある編集者の川尻みさきさん、そして素敵なイラストを描いてくださった池田系さんとのめぐり合わせにも感謝しています。

何よりも地域の居住者や在勤者をはじめとするボランティアメンバー10数名が長く参加してくれて楽しく活動が続けられたことの有難さは言葉で言い尽くせません。恵まれた状況をサポートしてくれた所属先であったTBSに御礼を申し上げるとともに、美術部や技術部、CSR推進部をはじめ多くの皆さんの力があってこそとあらためて感じています。

そして、いつも素晴らしいインスピレーションを与えてくれる妻の恵子にもこの場を借りて感謝を伝えたいと思います。

人や動植物のように、プロジェクトもまた成長し変化します。赤坂のビルの屋上から元気に飛び出していくミツバチたちに思いを重ね、地域の特性を活かした「楽しいミツバチ教室」が全国のあちこちで行われることを微力ながらも応援できればと望んでいます。

編著者

高橋進（たかはし すすむ）

生物多様性コミュニケーター。1951年神奈川県横浜市生まれ。1976年東京農業大学造園学科（現造園科学科）卒業。同年東京放送（現TBSホールディングス）にアナウンサーとして入社し、報道・情報系番組で活躍。その後，番組制作、企画事業部、宣伝部、総務局に勤務。2007年より環境対策に携わり、CSR推進部で生物多様性授業・SDGs関連事業を担当。2023年TBSを退職。
生き物文化誌学会常任理事、進化生物学研究所評議員、山階鳥類研究所理事、日本造園学会会員、東京都養蜂協会会員、日本生態系協会ビオトープ管理士。

編集協力

赤坂みつばちあ

2011年のTBSミツバチプロジェクト発足時より活動しているボランティアチーム。赤坂の企業、商店街、NPO、住民ら10数名からなる。年間を通してミツバチの世話やミツバチ教室の補助を行うほか、ミツバチサミットにも積極的に参加。

ミツバチプロジェクト受賞歴

2013年　国連生物多様性アクション大賞審査委員賞
2015年　国際自然保護連合日本委員会から愛知ターゲット実行団体に認定
2016年　都市緑化機構・緑の環境プラン大賞のコミュニティー大賞
2017年　ミツバチ産業科学研究会主催の品評会で全国アマチュア部門最優秀賞
2019年　東京農業大学「緑のフォーラム」造園大賞
2024年　いーたいけんアワード（青少年の体験活動推進企業表彰）奨励賞

ミツバチはこんなに楽しい！
人と街を育てる都市養蜂プロジェクト

2025年3月24日　第1刷

編著者　高橋進
発行者　大角浩豊
発行所　株式会社日経サイエンス
https://www.nikkei-science.com/
発　売　株式会社日経BPマーケティング
〒105-8308 東京都港区虎ノ門4-3-12
印刷・製本　株式会社シナノ パブリッシング プレス
ISBN978-4-296-12047-5
Printed in Japan